新时代中国生物多样性与保护丛书

The Series on China's Biodiversity and Protection in the New Era

中国生态学学会　组编

中国生物遗传多样性与保护

Biogenetic Diversity and Conservation in China

薛达元　张渊媛　编著

河南科学技术出版社

·郑州·

图书在版编目（CIP）数据

中国生物遗传多样性与保护/中国生态学学会组编；薛达元，张渊媛编著. —郑州：河南科学技术出版社，2022.1

（新时代中国生物多样性与保护丛书）

ISBN 978-7-5725-0509-6

Ⅰ.①中… Ⅱ.①中… ②薛… ③张… Ⅲ.①生物资源—种质资源—资源保护—研究—中国 Ⅳ.①Q-9

中国版本图书馆CIP数据核字（2021）第123405号

出版发行：河南科学技术出版社

地址：郑州市郑东新区祥盛街27号　邮编：450016

电话：（0371）65788629　65788613

网址：www.hnstp.cn

选题策划：张　勇

责任编辑：陈淑芹

责任校对：翟慧丽

整体设计：张　伟

责任印制：张艳芳

印　　刷：河南博雅彩印有限公司

经　　销：全国新华书店

开　　本：787 mm × 1092 mm　1/16　印张：10.5　字数：150千字

版　　次：2022年1月第1版　2022年1月第1次印刷

定　　价：86.00元

序言

生物多样性是地球上所有动物、植物、微生物及其遗传变异和生态系统的总称。习近平总书记指出："生物多样性关系人类福祉，是人类赖以生存和发展的重要基础。"生物多样性是全人类珍贵的自然遗产，"保护生物多样性、共建万物和谐的美丽世界"不仅是当前经济社会发展的迫切需要，也是人类的历史使命。

我国国土辽阔、海域宽广，自然条件复杂多样，加之较古老的地质史，形成了千姿百态的生态系统类型和自然景观，孕育了极其丰富的植物、动物和微生物物种。

我国是全球自然生态系统类型最多样的国家，包括森林、灌丛、草地、荒漠、高山冻原与海洋等。在陆地自然生态系统中，森林生态系统主要有 240 类，灌丛生态系统有 112 类，草地生态系统 122 类，荒漠生态系统 49 类，湿地生态系统 145 类，高山冻原生态系统 15 类，共计 683 种类型。我国海洋生态系统主要有珊瑚礁生态系统、海草生态系统、海藻场生态系统、上升流生态系统、深海生态系统和海岛生态系统，以及河口、海湾、盐沼、红树林等重要滨海湿地生态系统。

我国是动植物物种最丰富的国家之一。我国为地球上种子植物区系起源中心之一，承袭了北方古近纪、新近纪，古地中海及古南大陆的区系成分。我国有高等植物 3.7 万多种，约占世界总数的 10%，仅次于种子植物最丰富的巴西和哥伦比亚，其中裸子植物 289 种，是世界上裸子植物最多的国家。中国特有种子植物有 2 个特有科，247 个特有属，17 300 种以上的特有种，占我国高等植物总数的 46%以上。我国还是水稻和大豆的原产地，现有品种分别达 5 万个和 2 万个。我国有药用植物

11 000 多种，牧草 4 215 种，原产于我国的重要观赏花卉有 30 余属 2 238 种。我国动物种类和特有类型多，汇合了古北界和东洋界的大部分种类。我国现有 3 147 种陆生脊椎动物，特有种共计 704 种。包括 475 种两栖类，约占全球总数的 4%，其中特有两栖类 318 种；527 种爬行类，约占全球总数的 4.5%，其中特有爬行类 153 种；1 445 种鸟类，约占全球总数的 13%，其中特有鸟类 77 种；700 种哺乳类，约占全球总数的 10.88%，其中特有哺乳类 156 种。此外，中国还有 1 443 种内陆鱼类，约占世界淡水鱼类总数的 9.6%。我国脊椎动物在世界脊椎动物保护中占有重要地位。

我国保存了大量的古老孑遗物种。由于中生代末我国大部分地区已上升为陆地，第四纪冰期又未遭受大陆冰川的影响，许多地区都不同程度保留了白垩纪、古近纪、新近纪的古老残遗部分。松杉类植物世界现存 7 个科中，中国有 6 个科。此外，我国还拥有众多有“活化石”之称的珍稀动植物，如大熊猫、白鳍豚、文昌鱼、鹦鹉螺、水杉、银杏、银杉和攀枝花苏铁等。

我国政府高度重视生物多样性的保护。自 1956 年建立第一个自然保护区——广东鼎湖山国家级自然保护区以来，我国一直积极地推进自然保护地建设。目前，我国拥有国家公园、自然保护区、风景名胜区、森林公园、地质公园、湿地公园、水利风景区、水产种质资源保护区、海洋特别保护区等多种类型自然保护地 12 000 多个，保护地面积从最初的 11.33 万 km^2 增至 201.78 万 km^2。其中，陆域不同类型保护地面积 200.57 万 km^2，覆盖陆域国土面积的 21%；海域保护地面积约 1.21 万 km^2，覆盖海域面积的 0.26%。这对保护我国的生态系统与自然资源发挥了重要作用。同时，我国还积极推进退化生态系统恢复，先后启动与实施了天然林保护、退耕还林还草、湿地保护恢复，以及三江源生态保护和建设、京津风沙源治理、喀斯特地貌生态治理等区域生态建设工程。党的十八大以来，生态保护的力度空前，先后启动了国家公园体制改革、生态保护红线规划、重点生态区保护恢复重大生态工程。我国是全球生态保护恢复规模与投入最大的国家。自进入 21 世纪以来，我国生态系统整体好转，大熊猫、金丝猴、藏羚羊、朱鹮等珍稀濒危物种种群得到恢

复和持续增长，生物多样性保护取得显著成效。

时值联合国《生物多样性公约》第十五次缔约方大会（COP15）在中国召开之际，中国生态学学会与河南科学技术出版社联合组织编写了“新时代中国生物多样性与保护”丛书。本套丛书包括《中国植物多样性与保护》《中国动物多样性与保护》《中国生态系统多样性与保护》《中国生物遗传多样性与保护》《中国典型生态脆弱区生态治理与恢复》《中国国家公园与自然保护地体系》和《气候变化的应对：中国的碳中和之路》七个分册，分别从植物、动物、生态系统、生物遗传、生态治理与恢复、国家公园与保护地、生态系统碳中和七个方面系统介绍了我国生物多样性特征与保护所取得的成就。

本丛书各分册作者为国内长期从事生物多样性与保护相关科研工作的一流专家学者，他们不仅积累了丰富的关于我国生物多样性与保护的基础资料，而且还具有良好的国际视野。希望本丛书的出版，可推动社会各界进一步关注我国复杂多样的生态系统、丰富的动植物物种和遗传资源，进而更深入地了解我国生物多样性保护行动与成效，以及我国生物多样性保护对人类发展做出的贡献。

在本丛书即将出版之际，特向河南科学技术出版社及中国生态学学会办公室范桑桑和庄琰的组织联络工作致以衷心的感谢。我国生物多样性极其丰富复杂，加之本丛书策划编撰的时间较短，文中疏漏和错误之处，敬请广大读者指正批评。

中国生态学学会理事长　欧阳志云

2021 年 8 月

前言

遗传资源是指具有遗传功能的材料，包括生物物种及种以下的分类单位如亚种、变种、变型、品种、品系、种质材料等。遗传多样性主要体现在遗传材料的遗传变异和基因信息上。

遗传资源是人类生存的基础，是社会可持续发展的战略性资源，也是各类经济产业发展和粮食安全的保障。遗传资源的丰富程度和潜在价值已成为衡量一个国家综合国力和可持续发展能力的重要指标。国民经济多数产业部门与遗传资源的利用相关，尤其是农业（包括畜牧和渔业等）、林业、医药、食品等产业。全球竞争性优势越来越突出地表现在对生物遗传信息的认识、掌握和利用上，实质是一种知识优势、技术优势。

“遗传资源”和“基因资源”正在取代“生物资源”和“种质资源”而成为现代经济运行体系的新概念，被看作是化石能源之后人类的最后一块“淘金场”，受到世界各国的广泛重视。遗传资源的保护和可持续利用一直是《生物多样性公约》（以下简称《公约》）的热点，而确保公平公正地分享由于利用遗传资源而产生的惠益是《公约》的第三大目标，也是《公约》的焦点。2010 年在《公约》第十次缔约方大会上通过的《遗传资源获取与惠益分享的名古屋议定书》为实现第三大目标提供了重要抓手。

《公约》第十五次缔约方大会即将在中国昆明召开，而遗传资源保护、可持续利用、获取与惠益分享仍然是这次缔约方大会的焦点内容。本书的编写基于中国过去几十年来在遗传资源保护、利用和研究等方面的实践，期望为全球提供中国智慧和案例，作为中国生态学和保护生物学科研工作者为《公约》第十五次缔约方大会尽自己的绵薄之力。

本书共分七章。第一章阐述了中国生物遗传资源概念、遗传资源价值和特点；第二章介绍了中国生物遗传资源本底现状，包括农作物、畜禽、林木、水产、花卉等产业的遗传资源及遗传资源相关传统知识；第三章总结了中国生物遗传资源的利用成就，特别是对农业生产及其社会经济发展的贡献；第四章在分析中国生物遗传资源受威胁因素的基础上，介绍了中国政府针对遗传资源保护所采取的政策法规和保护规划；第五章阐述了中国在保护生物遗传资源方面的保护成效，包括生物遗传资源调查，实施就地保护和易地保护的工程措施；第六章论述了在新时代背景下农业遗传资源发展的策略，包括研究、利用和管理等方面的策略；第七章综述了相关国际公约和协定在遗传资源保护、利用和惠益分享方面的规定和要求，以及中国政府的履约行动。

本书由薛达元和张渊媛编写，书中引述的遗传资源数据主要基于我国在农作物、畜禽、林木、花卉、水产等生物遗传资源领域多年研究的成果，也包括作者过去多年发表的论著。在编写过程中，得到中国生态学学会的支持和河南科学技术出版社的帮助，在此一并致谢。

本书可供从事生物多样性和生物遗传资源研究和教学的科技人员参考，也可供关注生物多样性和生物遗传资源保护、可持续利用和公平惠益分享方面的管理人员、学校师生、社会公众以及媒体宣传等方面的人士阅读。

因水平有限，书中可能存在错误和不妥之处，敬请读者批评指正。

薛达元

2021 年 3 月于北京

目录

第一章

中国生物遗传资源及其特点

一、生物遗传资源的概念

（一）遗传多样性

遗传多样性是生物多样性的重要组成部分。广义的遗传多样性是指地球上生物所携带的各种遗传信息的总和。这些遗传信息储存在生物个体的基因中。因此，遗传多样性也就是生物的遗传基因的多样性。任何一个物种或一个生物个体都拥有大量的遗传基因，可视为一个基因库，一个物种所包含的基因越丰富，它对环境的适应能力越强，因而基因的多样性是生命进化和物种分化的基础。狭义的遗传多样性主要是指生物种内基因的变化，包括种内显著不同的种群之间以及同一种群内的遗传变异。在生物的长期演化过程中，遗传物质的改变（或突变）是产生遗传多样性的根本原因，这种突变主要有两种类型，即染色体数目和结构的变化以及基因位点内部核苷酸的变化。前者称为染色体的畸变，后者称为基因突变（或点突变）。此外，基因重组也可以导致生物产生遗传变异。

遗传多样性亦指物种内基因频率与基因型频率变化导致基因和基因型的多样性。遗传多样性是生物遗传改良的源泉。例如，作物种质资源遗传多样性代表着作物及其野生近缘植物物种内品种（系）或变种（变型）之间的差异丰富度，每一品种（系）或变种（变型）都是一个基因型，基因型是由一个品种（系）或变种（变型）的所有基因组成的。但在木本作物中，特别是对林木作物而言，一个品种的不同植株甚至可构成一个基因型，表现为群与群不同，株与株有异（郑殿升等，2011）。

（二）遗传资源

根据《生物多样性公约》的定义，“生物资源”是指对人类具有实际或

潜在用途或价值的遗传资源、生物体或其部分、生物群体或生态系统中任何其他生物组成部分。“遗传资源”是指具有实际或潜在价值的遗传材料。“遗传材料”是指来自植物、动物、微生物或其他来源的任何含有遗传功能单位的材料。

根据上述定义，含有“遗传功能单位”的生物材料都可归于遗传资源，从分类角度包括了种及种以下的分类单位（如亚种、变种、变型、品种、品系、种质材料等）；从实物角度则包括生物体本身及生物体的器官、组织、细胞、染色体、基因、DNA片段等。由于《生物多样性公约》的适用范围排除了人类遗传资源，因此，我们讨论的“遗传资源”限定在除人类以外的生物，即“生物遗传资源”（薛达元等，2005；张渊媛，薛达元，2019）。

遗传资源在本质上属于自然资源。所谓自然资源，是指“在一定时间、地点的条件下能够产生经济价值的、以提高人类当前和将来福利的自然环境因素和条件的总称”。然而，在现代科学技术的条件下，遗传资源也可以由人类通过生物技术进行基因修饰和基因重组，如转基因生物在其遗传结构和基因组成方面都可以随人类的意图而有改变。此外，合成生物学更是现代生物技术的进一步发展和新的层面，包括科学、技术和工程学，目的是促进和加快了解、设计、重新设计、制造和（或）改变基因物质、活生物体和生物系统，可根据基因的数字序列信息人工合成新的生物化学化合物甚至生物体，这完全颠覆了遗传资源作为自然资源的传统观念（李保平，薛达元，2019）。

（三）种质资源（品种资源）

“种质资源”是指含有遗传功能的生物资源，是农林育种业常用的名词和术语，与“遗传资源”的概念基本相同。品种资源是承载了人工选育知识的种质资源，包含在农作物种内的品种资源，也是农业育种意义上的遗传资源。我国农业种质资源包括农作物、畜、禽、鱼、牧草、花卉、药材等栽培植物和驯化动物的人工培育品种及其野生近缘种。例如，畜禽种质资源是指畜禽本身及其所有的体细胞和生殖细胞，包括畜禽的所有种、品种和品系，尤其是那些对人类的现在或将来的农业生产具有经济的、科学的和文化意义的所有畜禽种、品种和品系；作物野生近缘植物是指与栽培作物具有亲缘关系的野生植物，如野生稻、野生大豆、野生茶树、野生苎麻、野生苹果、野生莲等，可以直接或者间接地为作物育种改良和生物技术研究提供基因资源。

中国作物种质资源十分丰富，采用表型观测方法，鉴定出中国主要农作物具有许多类型或变种，并且性状变异幅度很大，充分证明中国作物种质的遗传多样性。如粮食作物中的稻，其地方种有50个变种和962个变型，普通小麦含127个变种，大麦有422个变种；经济作物大豆分为480个类型，亚洲棉有41个类型，茶树分为30个类型；蔬菜作物芥菜分为16个变种，辣椒有10个变种，莴苣有12个类型；花卉作物梅花有18个类型，菊花分为44个类型，荷花共有40个类型；饲用作物紫花苜蓿分为7个类型，箭筈豌豆有11个类型；果树作物苹果分为3个系统、21个品种群，山楂共有3个系统、7个品种群；林木作物毛白杨有9个自然变异类型，白榆有10个自然变异类型等（郑殿升等，2011；刘旭等，2008）。

为了能够使农业生产适应不断变化的条件，育种者需要丰富的和具有各种特性的遗传材料，以支撑农作物和畜禽育种，为农业培育出高产、优质、抗病虫、抗除草剂、抗劣境的品种。因此，遗传多样性是创造新品种的基础和基因储备库，是支撑农业可持续发展的物质源泉。

二、生物遗传资源的价值

（一）经济价值

在农业生产方面，种质资源是战略性资源。种质资源可直接利用，保持作物种间和种内多样性，增强生产系统的稳定性。很多国家都担忧，大量使用遗传均一的品种并不断增加其种植面积，将导致发生遗传脆弱性现象，因此要求加大遗传多样性的使用以应对这种情况的发生，利用田间遗传多样性可以抵抗新病虫害的蔓延以及气候的异常变化，如当病虫害发生时，单个品种可能易受病虫害的感染，但是多个品种则很有可能部分或全部抵抗病虫害的侵袭，有证据表明种植多样化的品种能够提高作物产量和环境效率（王述民，张宗文，2011）。

一个基因可以发展一个产业，甚至可以繁荣一个国家乃至全球的经济。水稻中*sd*1 矮秆基因和小麦中*Rht*1 和*Rht*2 矮秆基因的发现和利用，促使了全球第一次“绿色革命”的发生；野生种细胞质雄性不育基因的利用促成了中国杂交稻的育成和推广，它被誉为全球第二次“绿色革命”。在一份尼瓦拉野生稻材料中发现的抗水稻草丛矮缩病基因解决了20世纪70年代以来东南亚各国的心腹大患。20世纪90年代初期，赤霉病每年给美国小麦生产造成高达20亿美元的经济损失，后来利用中国的小麦地方品种“望水白”和育成品种“苏麦3号”基本解决了小麦赤霉病所造成的为害，并从中克隆出抗赤霉病基因（刘旭等，2018）。又例如，中国利用优异种质资源培育的超级杂交稻, 2000—2005 年累计推广1 400万hm^2，增产稻谷125亿kg；利用优质小麦品种“小偃6号”作直接或间接亲本，培育出优质、抗病、高产小麦新品种53个，累计推广面积超过2 000万 hm^2，增产粮食约80亿kg，创直接经济效益超过100亿元（王述民等，2011）。

（二）社会价值

遗传资源的利用对于粮食安全和社会稳定具有重要意义。在过去几十年间，主要粮食作物的单产增长迅速，主要因素归于利用农业遗传资源开发出大量新品种并用于生产推广。遗传资源是一个国家乃至全球农业发展和粮食安全的保障，如在中国，水稻、棉花和油料作物的品种，自1978年以来，已在全国范围更换了4～6次，每一次新品种的更换都能增产10%以上，这些作物的产量每增加10%，人口贫穷水平将降低6%～8%（王述民，张宗文，2011）。

袁隆平等中国农业科学家通过实施“野生稻与栽培稻进行远缘杂交”的技术方案，找到培育雄性不育系的有效途径，实现了不育系、保持系和恢复系的“三系”配套，育成强优势的杂交水稻组合品种（图1），并在生产上大面积应用，使水稻单季产量突破亩产1 000kg，双季突破1 500kg，实现水稻产量的大幅度提高，为中国乃至世界的粮食安全做出贡献。目前杂交水稻除在中国大面积推广，在越南、印度尼西亚、菲律宾和美国也用于大面积生产，并取得了显著的增产效果。杂交水稻技术的全球推广，将为全世界人民解决吃饭问题，为国家的社会稳定和世界和平做出贡献。然而，杂交水稻技术的成功归于野生水稻雄性不育基因的发现，充分证明一个基因可以繁荣一个国家，并有助于解决一个国家乃至全球的粮食安全和社会稳定。

另外，畜、禽、鱼遗传资源支撑了国家和地方的畜牧和渔业生产，是城乡居民动物蛋白产品供给的主要源泉。改革开放40多年来，由于畜、禽、鱼品种的改良和推广，畜牧和渔业发展步入快车道，成为农业、农村经济的重要支柱产业。2019年，中国肉类、禽蛋、牛奶总产量分别达到7 649万t、3 309万t、3 201万t，肉类及禽蛋总产量连年位居世界第一，为满足日益增长的高质量动物蛋白产品消费需求，提高人民群众生活水平做出了重要贡献。

（三）文化价值

遗传多样性与文化多样性关系密切。传统的生态农业不仅对农作物遗传资源保护具有重要意义，而且体现了当地民族文化和传统知识。例如，贵州侗族人种植的香禾糯水稻品种就承载了当地人祖祖辈

辈选育和栽培水稻的知识。香禾糯的品种特性与当地人的生产方式和生活习惯密切相关，其浓厚的糯米香味适合当地侗族人的口感，而其黏性特征便于当地人在出远门山地农作时制作食物携带。香禾糯在侗族地区的生产实践与精神文化等方面具有重要的地位，侗族人的生老病死都与香禾糯有着千丝万缕的联系。如今这种糯食文化在黔东南地区依然非常普遍，以“稻—鱼—鸭”耕作方式的香禾糯生产系统仍然盛行。而这种“稻—鱼—鸭”共生生态农业模式也是当地侗族人民在长期的农业实践中创造出的一种传统农耕文

图1　中国杂交水稻

化，已被列为“全球重要农业文化遗产”（图2）。

我国各民族人民在长期的生产实践中培育的大量农家品种，不仅适合当地生态环境特点，在营养组成和口感方面也符合当地民族的生活习惯，当地人还利用这些农家品种特性创造出特殊的烹饪技术，制作出具有民族特色文化的精美食品。中国许多地区当地农民利用水稻的直链淀粉含量与食味口感的密切相关培育出当地人喜爱的品种，并制作出丰富多彩的食品，糯性品种的食品更是种类多样，如米粽、糍粑等（图3），在全国稻作地区十分普遍，各具民族特色。小麦也是我国种植范围最广的作物之一，因各地小麦品质不同，各地的面食也特色分明，如新疆、西藏、陕西、山西均拥有享誉全国的面食名品，谷子（小米）等也因其品种不同而在各地的饮食文化中体现出特有性和多样性。

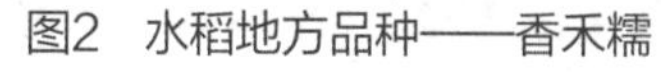

图2　水稻地方品种——香禾糯

图3　糯米食品——米粽

（四）生态价值

在农业种植系统中，品种多样性可能有助于防治病虫害，增加农业生态系统的稳定性，提高农作物产量。云南农业大学朱有勇院士等针对我国西南地区气象特点和生物灾害频发的实际情况，利用不同水稻品种（地方品种和杂交品种）的混合间栽模式来控制稻瘟病，取得了良好的结果，不仅控制

了作物病害，还提高了水稻单位面积产量，并大大减少了农药和化肥的使用量，改善了农田生态环境。2007—2010年这种间栽模式在西南地区累计推广约600万hm^2，被云南省人民政府列为科技增粮重大推广技术措施，形成了作物多样性时空配置有效控制病害技术创新体系。同时，也为现代农业条件下如何利用传统农家品种实现可持续农业生产做出了有益探索，使一些在云南已经消失和趋于濒危的水稻地方品种，如“弥勒香谷”和“黄板锁”等又逐渐回到当地农业生态系统中，为农家品种的遗传多样性保护和利用提供了一个新的途径（郑晓明，杨庆文，2021）。

贵州黔东南地区普遍推广的“稻—鱼—鸭”复合生态系统，不仅因产量提高增加了经济收入，还具有显著的生态效益。“稻—鱼—鸭”共生系统可有效控制病虫害，减少农药、化肥的使用；鱼和鸭的存在可以改善土壤的养分、结构和通气条件，增加土壤肥力；“稻—鱼—鸭”共生系统提高了糯稻的产量和品质，带动了农民种植香禾糯的积极性，保护和传承了侗族这一宝贵的农作物品种资源。共生系统中数十种乃至上百种生物围绕稻、鱼、鸭形成一个更大的食物链网络，呈现出了繁盛的生物多样性景象，如螺、蚌、虾、泥鳅、黄鳝和杂草等野生动植物种类增加，为鱼、鸭提供了食物，而鱼、鸭的排泄物和粪便又为水稻生产增加了有机肥，形成健康的食物链和稳定的生态系统（王艳杰等，2015）。

三、生物遗传资源的特点

中国是全球八大农作物和家畜禽起源中心，在世界上具有重要地位。中国历史悠久，在数千年的农业发展历史长河中，我国各族人民培育和驯化出丰富的农作物、畜、禽、鱼、林木、花卉、药材等品种资源，这些丰富的遗传资源为我国农业生产发展提供了保障。

（一）中国遗传资源的丰富性

我国农作物种质资源的多样性包括生物类别的多样性、物种的多样性和品种多样性。我国栽培作物可分为粮食作物、经济作物、蔬菜作物、果树作物、饲用作物、药用作物、林木作物、花卉作物、能源作物等多个类型，涉及1 000多个栽培物种和数千个野生近缘种。不仅如此，我国各主要栽培作物种内的遗传多样性更加丰富，每个作物种拥有多个变种、类型以及丰富多彩的品种。例如，杉木有灰杉、红心杉，毛白杨有箭杆毛白杨、易县毛白杨、小叶毛白杨等多种类型。

在品种层次中，多样性更显复杂，水稻、小麦、玉米、油菜、棉花等主要农作物都有成千上万个品种。其中大部分为传统的农家品种，是由当地家家户户祖辈长期选育而成的，经长期种植和不断选育和培育，具有可靠的遗传稳定性；另一部分为现代品种，由农业科技人员采取有性杂交和其他生物技术而获得的，由政府农业主管部门批准命名，并推广应用于农业生产。还有许多尚未批准为品种的中间研究材料，一般称为品系。

每个品种之间都有显著的形态和基因组成的差异，如在形态上的差异有：①株高：稻为38~210cm，相差172cm；玉米为61~444cm，相差383cm；大麦为19~166 cm，相差147cm；高粱为50~450cm，相差400cm。②千粒重：稻为2.4~86.9g，相差84.5g；小麦为8.1~81g，相差72.9g；玉米为18~569g，相差551g；高粱为5.5~77.5g，相差72.0g。③单果重：茄子为0.9~1 750g，相差1 749.1g；梨为23.7~606.5g，相差582.8g；苹果为25~262.9g，相差237.9g。另外，种子、果实、叶、茎的形状更是千变万化（郑殿升等，2011；刘旭等，2008）。

（二）生物遗传资源的特有性

对中国农作物类型和基因突变性状的研究表明，不仅原产于中国的作物具有独特类型和性状，而且有些起源于外国的作物，引入中国后虽然只有几百年时间，但同样产生了一些在世界上独有的特殊基因类型。

以中国特有蔬菜为例，因环境条件改变和遗传基因突变，产生了许多中国特有的蔬菜类型和性状。如中国芥菜作为食用蔬菜已沿用上千年，主要生长在我国西南地区，产生了16个变种：大头芥、茎瘤芥、笋子芥、抱子芥、大叶芥、小叶芥、白花芥、花叶芥、长柄芥、凤尾芥、叶瘤芥、宽柄芥、卷心芥、分蘖芥、薹芥、结瘤芥，每个变种又分化出若干个类型。大白菜原产于中国，是我国特产的蔬菜，迄今演化出4个变种：散叶大白菜、半结球大白菜、花心大白菜、结球大白菜。茎用莴苣是中国人对山莴苣进行膨大肉质茎选择的结果，在中国由山莴苣演化而来，外国栽培的茎用莴苣均由中国传播出去。茭白原产于中国，它的茎受菰黑粉菌侵染后，由茎尖膨大形成变态肉质茎作为蔬菜食用，在世界上仅中国独有，并形成不同的生态型。龙生型花生是16世纪传入我国的茸毛花生的变种，经长期自然和人工选择演变而来的特殊类型，其突出特点是荚果外形似龙形，每荚果多粒，同时抗性强，蛋白质含量高，口感好，在世界花生生产和科学研究领域中具有独特的位置。

中国独有的特殊基因类型有糯性、矮秆、育性、裸粒等。①糯性：中国的糯质玉米是玉米引入我国后突变产生的，主要起源于西南地区，该地区是糯玉米种质资源的多样性中心。糯性谷子为中国特有，主要分布于从东北到西南的狭长地带，多样性中心在山东、山西和河北一带。黍为糯性，广泛在北方种植，主要分布在山西、陕西、甘肃等地。糯高粱主要分布在西南地区。②矮秆：水稻的矮秆基因起源于中国，代表品种是矮脚南特、矮仔黏、低脚乌尖，它们具有同样的矮秆基因*sd*1，该基因在世界水稻矮化育种中起到非常关键的作用；小麦品种大拇指矮携带矮秆基因*Rht*3，矮变1号携带*Rht*10。③育性：在普通野生稻中发现的细胞质雄性不育基因，已被利用育成野败型不育系、矮败型不育系、红莲型不育系，这些不育系均广泛用于杂交水稻选育，显著增加了粮食产量；还利用地方品种马尾黏培育出的马协型不育系、用云南水稻品种培育的滇型不育系也已用于杂交水稻选育。④裸粒：大粒裸燕麦（莜麦）为我国特有的基因类型，它是在我国山西与内蒙古交界地带，由普通栽培燕麦（皮燕麦）发生基因突变产生的，而后传到世界各地。中国已用皮燕麦与裸燕麦杂交，培育出一批优良品种应用于生产（郑殿升等，2011；刘旭等，2008）。

（三）生物遗传资源形成历史悠久

大量考古资料证明，我国的原始农业起源于距今1万年之前，是直接从采集、渔猎经济中发生的。在新石器时代，人们根据植物采集活动中积累的经验，开始把一些可供食用的植物驯化成栽培植物。他们发现，散落在土壤中的野生植物种子，在适宜的条件下，适应着气候周期性变化，定期发芽、抽穗、开花、结实。通过对这些现象的无数次观察，启迪了原始人类的智慧，于是他们开始试种这些可食用的野生植物，逐步积累了植物栽培的经验，开创了原始种植业的先河。我国先民在原始时代首先驯化栽培了粟、黍、菽、稻、麻和许多果树、蔬菜等，成为世界上重要的栽培植物起源中心之一。

粟又叫谷子，是我国驯化的最古老的作物之一，在四五千年前的甲骨文里已经有谷子的记载。黍也是我国最早驯化的作物之一，黍就是北方地区特别是西北地区种植的黍子，籽粒比谷子大，脱粒后称为大黄米。“后稷教民稼穑”，说的就是黍稷不但被最早驯化而且是主要的粮食作物。后来以“社稷”象征国家，可见黍稷在当时人们心中的地位有多么重要。在西安半坡村新石器时代遗址中，发现陶罐中有大量的碳化谷子遗存，证明我国在六七千年前的新石器时代就开始栽培谷子。同时也表明，我国黄河流域是粟的起源驯化地，黄河流域最早栽培的是粟、黍、菽、麦、麻等耐旱、耐寒作物。

长江流域最早驯化的作物是水稻。在我国所有考古发现的农作物中，水

稻最多。考古发掘发现，130多处新石器时代遗址中有稻谷遗存，绝大部分分布于长江流域及其以南的广大华南地区。在长江流域中下游地区，早在六七千年前已经普遍种植水稻，这是由当时的生态条件和气候条件决定的。据有关研究，距今1万年以前，长江流域及其附近地区的气候较现在温暖、湿润，大致相当于现在的珠江流域的气候，十分适合野生水稻的生长，中国南方属于热带、亚热带地区，雨量充沛，年平均温度17℃以上，为先民们驯育栽培水稻提供了必需的种质资源和理想的环境气候条件。

（四）生物遗传资源具有显著的文化特征

生物遗传资源的形成与保存与当地的文化具有密切关系，当地民族在生物遗传资源的开发利用过程中可产生多样性的当地特有文化，而当地特有文化又能够丰富生物遗传多样性，并促进了生物遗传资源的保护与传承。

在许多民族地区，宗教文化是促进许多作物品种资源能够保存下来的一个重要因素。香禾糯是黔东南侗族祭祀仪式的必需品，祭祀或祭祖仪式一定要用当地的香禾糯，而不能用其他糯米或杂交水稻代替，否则被认为不够虔诚，也不会灵验。因此，侗族每家都必须种植香禾糯，用于节日和庆典等仪式，如祭祀神树的整个过程都需要糯米饭和糯米酒等作为贡品；老人去世，侗族儿女们给老人亡灵敬献的主要食品还是糯米饭，以及香禾糯和鱼精制的酸鱼；亲戚朋友们悼念亡灵或送葬时，手中也要拿一穗香禾糯稻穗，以示无论走到哪里，也无论阴阳两界，大家都有糯米吃。可见，由于宗教仪式的必需，侗族家家户户每年必须种植香禾糯，经若干代的选育和栽培，其品种不断改良，遗传多样性得到丰富，种质资源得以保存。

传统文化的变迁也会导致遗传资源的减少或消失。改革开放以来，侗族传统文化受到外来文化的严重冲击，香禾糯在侗族人日常生活中的重要性降低。侗族以前的主食是糯米，现在许多地方也种植杂交水稻；以前穿香禾糯秸秆编织的草鞋，现在条件好了，已无人再穿；过去妇女用香禾糯淘米水洗头，现在年轻人都用洗发水，只有50岁以上妇女还在用淘糯米水洗头；香禾糯秸秆具有韧性，过去用作包扎礼物的绳子，现在年轻人多用塑料绳。正因为与过去相比，现代生活的很多产品可以替代香禾糯，导致传统文化丧失，进而加剧传统品种资源的消失。

遗传资源的持续利用对传统文化的传承和保护也有促进效应。香禾糯的持续种植延续了侗族人民的文化习俗，使许多民族特色文化得以传承。2007年，黎平县侗乡米业有限公司在政府的支持下开发有机香禾糯，帮助成立了坑洞香禾糯合作社，采取“公司—合作社—农户”的发展模式，形成了一套规范的种植、管理、收购和销售香禾糯的体系，这既增加了农民收入，也有效地保护了香禾糯资源，同时保护了侗族的传统文化习俗。2009年，“黎平香禾糯”获得了国家地理标志产品保护。2011年，黔东南州黎平县政府制定了《黎平县香禾糯地理标志产品保护管理办法》，以法规形式对“黎平香禾糯”实行知识产权保护，促进了香禾糯的生产和销售，使香禾糯品种资源和相关的传统文化都能够保留下来（图4、图5）。

图4　少数民族食品文化

图5　香禾糯品种选育

第二章

中国生物遗传资源本底现状

生物遗传资源主要包括植物遗传资源、动物遗传资源和微生物遗传资源，用于生产栽培的植物遗传资源主要指农作物遗传资源、林木遗传资源、观赏花卉遗传资源、药用植物遗传资源等；用于生产养殖的动物遗传资源主要指家畜、家禽、水产和特种经济养殖动物等；用于生产性种植的微生物主要指食用菌等（本章未涉及）。

一、农作物遗传资源

（一）农作物主要类型

中国是世界农业大国，亦是作物种质资源大国，用于栽培的作物种类繁多，按农艺学和用途主要划分为6大类：①粮食作物（谷类、豆类、薯类）；②经济作物（纤维类、油料类、糖料类、饮料类、染料类、香料类、嗜好类、调料类）；③蔬菜作物（根菜类、白菜类、甘蓝类、芥菜类、绿叶菜类、葱蒜类、茄果类、瓜类、豆类、薯芋类、水生菜类、多年生与杂菜类、芽苗类、食用菌类）；④果树作物（仁果类、核果类、浆果类、坚果类、柑果类、聚花果类）；⑤饲用及绿肥作物（饲草类即栽培牧草，饲料类即饲用型食用作物）；⑥药用作物（根及根茎类、全草类、果实和种子类、花类、茎和皮类、其他类）。中国现有栽培农作物的种类达629种（表1）。

实际上，随着社会需求和新技术发展，新的作物产业不断出现。例如，随着人们对生活质量的追求，观赏花卉产业得到快速发展，花卉作物也逐渐成为作物的一个新的类型，包括一、二年生类，多年生类，球根类，水生类，蕨类，多浆类，兰科类，木本类。随着天然林的禁伐，人工林快速发展，而林木作物也成为人工造林的选择对象，包括阔叶类、针叶类即常绿类、落叶类栽培树种及其品种。随着应对气候变化，要求减少化石能源碳排放，可再生能源需求增加，生物能源植物栽培又成为一个新的产业类型。

表 1　中国现有栽培农作物类型与数量

作物大类	作物数量
粮食作物	38
经济作物	62
蔬菜作物	226
果树作物	86
饲用和绿肥作物	80
药用作物	137
合计	629

引自《中国生物多样性国情研究》，2018。

由于上述原因，很难完整准确统计中国人工栽培植物的种类，实际数据呈动态发展。因为随着新资源的发现和利用开发，栽培种类也不断增加。再有，随着对外交流的扩大，国外作物种和品种不断引入国内，也扩大了国内栽培种类。传统报道，中国有人工栽培植物约600种，但现在已远远超过此数。有报道称中国栽培物种已达1 251个，野生近缘物种3 308个，隶属176科、619属（郑殿升等，2011）。最新的研究已更新了过去的数据，确认中国有9 631个粮食和农业植物物种，其中栽培及野生近缘植物物种3 269 个（隶属528 种农作物）（刘旭等，2018）。

（二）主要农作物遗传资源（种质资源）本底现状

我国分别于1956—1957年、1979—1984年组织开展了两次全国性农作物种质资源、地方品种的收集、整理工作，并持续开展了区域性农作物种质资源调查收集工作；2015年启动第三次全国农作物种质资源普查与收集行动，在18省（区、市）1 041个县开展，新收集资源材料4万多份。至2020年底，我国作物种质资源长期保存库的入库遗传材料总数已达451 125份（卢新雄内部报告，2021年2月），加上在全国43个国家作物种质圃保存的8万多份遗传材料，总数已超过53万份（薛达元，2021），位居世界第二，仅次于美国。

至2020年底国家作物种质库长期保存的451 125份遗传材料中，水稻遗传资源入库保存数达84 294份，小麦51 126份，玉米29 882份，大豆32 632份，棉花11 218份，蔬菜31 361份等，特别是保存了大量具有重要育种价值的作物野生近缘种的遗传资源，如野生稻遗传材料达6 803份，涉及19个野生近缘种；小麦野生近缘植物2 664份，涉及134个种；野生大豆遗传材料达9 684份，涉及4个种（卢新雄内部报告，2021年2月）（表2）。而且水稻和大豆原产中国，保存其野生近缘植物具有特别重要的意义。

表 2　国家作物种质库长期保存遗传资源数量（截至 2020 年 12 月）

作物名称	入库保存数/份	物种数/个	作物名称	入库保存数/份	物种数/个
水稻	84 294	2	棉花	11 218	19
野生稻	6 803	19	麻类	10 358	11
小麦	51 126	134	油菜	7 474	14
小麦野生近缘植物	2 664		花生	8 097	16
大麦	23 169	1	芝麻	6 689	2
玉米	29 882	1	向日葵	2 979	2
谷子	28 156	9	特种油料	6 721	4
大豆	32 632	4	西瓜甜瓜	2 475	2
野生大豆	9 684		蔬菜	31 361	118

续表

作物名称	入库保存数/份	物种数/个	作物名称	入库保存数/份	物种数/个
食用豆	37 956	17	牧草	5 243	387
烟草	4 007	35	燕麦	5 023	5
甜菜	1 794	1	荞麦	2 049	3
黍稷	10 460	1	绿肥	663	71
高粱	21 475	1	其他	6 673	22
合计				451 125	785

数据来源：卢新雄内部报告：2020年底国家作物种质库收集保存的遗传资源数量，中国农业科学院作物科学研究所，2021年2月7日。

全国还建有43个国家作物种质圃，保存着活体的作物种质材料，主要是薯类作物、各类果树、桑、麻以及作物和蔬菜的野生近缘植物，分布于全国各地。至2014年底，收集并保存在43个国家作物种质圃的种质资源达6万多份。然而，自第三次全国农作物种质资源普查以来，又有许多新的种质资源收集入库。至2020年底，保存的遗传种质材料已达8万多份。

（三）中国农作物的野生近缘种

作物是经人类长期驯化及人工合成而形成的具有经济价值的栽培植物，亦可认为作物是指对人类有价值并有目的栽培并收获利用的植物。简言之，作物就是“栽培植物”。作物种质资源包括作物的品种、品系、遗传材料和作物野生近缘植物的种、变种和变型。中国作物种质资源多样性是中国地域内用于粮食和农业生产的作物及其野生近缘植物的变异总和，主要包括物种多样性和遗传多样性两个层次。中国作物种质资源的多样性是自中国人类定居以来，经过漫长的自然选择和人工选择而形成的。

众所周知，中国是世界作物的重要起源中心之一。因此，中国不仅作物种类多，并且很多作物都有其野生近缘植物，这些野生近缘植物往往是作物的祖先，它们含有作物已丧失的有益基因，对作物育种具有重要的利用价值，是作物种质资源重要的组成部分。

据初步统计，全国已开展了191个农业野生植物物种的调查，其中发现了80个作物野生近缘植物物种的8 643个居群。该项调查不仅获得了大量的野生植物生境数据，还发现了一些具有重大利用价值的种质资源。例如，首次在福建发现了野生柑橘的分布点，对于柑橘类物种的起源进化研究具有十分重要的参考价值；在河南发现了近30年未在野外观察到的葛枣猕猴桃、叉唇无喙兰等珍稀物种，为制定野生植物保护名录及保护规划奠定了坚实的基础；在广西贺州和来宾分别发现2个和1个野生白牛茶居群，丰富了广西野生茶树资源的种类和分布信息（乔卫华等，2020）。

二、畜禽遗传资源

（一）畜禽主要种类

我国饲养畜禽历史悠久，不仅是世界上家畜驯化的中心地区之一，也是世界上畜禽遗传资源极其丰富的国家之一。我国畜禽遗传资源主要有猪、鸡、鸭、鹅、鸽、火鸡、黄牛、水牛、牦牛、独龙牛、绵羊、山羊、马、驴、骆驼、兔、犬、梅花鹿、马鹿、驯鹿、貉、特禽、蜂等20余个物种。

2020年5月29日，农业农村部发布公告，公布了经国务院批准的《国家畜禽遗传资源目录》（以下简称《目录》）。《目录》明确了家养畜禽种类33种，其中，传统畜禽17种，分别为猪、普通牛、瘤牛、水牛、牦牛、大额牛、绵羊、山羊、马、驴、骆驼、兔、鸡、鸭、鹅、鸽、鹌鹑；特种畜禽16种，分别为梅花鹿、马鹿、驯鹿、羊驼、火鸡、珍珠鸡、雉鸡、鹧鸪、番

鸭、绿头鸭、鸵鸟、鸸鹋、水貂（非食用）、银狐（非食用）、北极狐（非食用）、貉（非食用）。《目录》是畜禽养殖的正面清单，列入《目录》的可按照《中华人民共和国畜牧法》管理。

（二）主要畜禽遗传资源（品种资源）本底现状

1954—1956年、2006—2010年先后开展了两次全国畜禽遗传资源调查，基本查清了我国畜禽遗传资源状况，根据2010年结束的第二次全国畜禽遗传资源（品种资源）调查结果，20多个畜禽物种种内拥有901个品种，其中地方品种554个，占总数量的61.5%，占全球的1/6（高吉喜等，2018）。

1. 猪品种资源

我国现有猪品种资源共计125个，其中地方品种88个（占70.4%），培育品种29个（占23.2%），引入品种8个（占6.4%）。按照地域分布，地方猪品种一般可分为6个类型：华北型、华南型、华中型、江海型、西南型、高原型，其中以华中型和华南型居多。

2. 牛（普通牛、水牛、牦牛、大额牛）品种资源

我国现有牛品种资源共计120个，其中地方品种94个（占78.3%），培育品种9个（占7.5%），引入品种17个（占14.2%）。其中，普通牛（黄牛）地方品种54个，培育品种8个，引入品种15个；水牛地方品种27个，引入品种2个；牦牛地方品种12个，培育品种1个；大额牛地方品种1个。

3. 羊（绵羊、山羊）品种资源

我国现有羊品种资源共计146个，其中地方品种101个（占69.2%），培育品种29个（占19.9%），引入品种16个（占10.9%）。其中，绵羊地方品种42个，培育品种21个，引入品种11个；山羊地方品种59个，培育品种8个，引入品种5个。

4. 马、驴、驼品种资源

我国现有马、驴、驼品种资源89个，其中地方品种60个（占67.4%），

培育品种15个（占16.9%），引入品种14个（占15.7%）。其中，马地方品种29个，培育品种15个，引入品种13个；驴地方品种25个；骆驼地方品种5个，引入品种羊驼1个。

西南（包括广西壮族自治区河池、百色两地区）、西北和内蒙古地区是我国马品种资源的主要分布区域。我国驴品种资源主要分布在新疆、内蒙古、黄淮海流域农业区等地。双峰驼分布在新疆维吾尔自治区、内蒙古自治区、甘肃省和青海省。

5. 家禽品种资源

我国现有家禽品种资源共计291个，包括鸡、鸭、鹅、火鸡、鸽、鹌鹑等禽种，其中地方品种175个（占60.2%），培育品种49个（占16.8%），引入品种67个（占23%）。具体包括：地方鸡品种109个，培育鸡品种（配套系）44个，引入鸡品种36个；地方鸭品种33个，培育鸭品种（配套系）4个，引入鸭品种11个；地方鹅品种30个，培育鹅品种1个，引入鹅品种5个；火鸡地方品种1个，引入品种4个；鸽地方品种2个，引入品种5个；鹌鹑引入品种6个。

我国地方家禽品种广泛分布于全国各地，主要分布在南方，华南、西南和华东为主要原产地。其中云南省的家禽品种资源分布数量最多，其次为江西、四川等地。东北和西北地区资源数量较少，品种遗传特征也不明显。

6. 其他家养动物资源现状

其他畜禽品种资源131个，其中地方品种37个，培育品种35个，引入品种59个。其中：兔地方品种6个，培育品种9个，引入品种14个；犬地方品种11个，培育品种1个，引入品种20个；鹿地方品种3个，培育品种10个，引入品种1个；毛皮动物地方品种1个，培育品种7个，引入品种7个；特禽地方品种3个，培育品种1个，引入品种9个；蜂地方品种13个，培育品种7个，引入品种8个（表3）。

表 3　全国畜禽品种资源状况（据 2010 年第二次全国畜禽品种资源调查）

畜禽名称		地方品种数量	培育品种数量	引入品种数量	品种总数
猪类	猪	88	29	8	125
禽类	鸡	109	44	36	189
	鸭	33	4	11	48
	鹅	30	1	5	36
	火鸡	1		4	5
	鸽	2		5	7
	鹌鹑			6	6
牛类	普通牛（黄牛）	54	8	15	77
	水牛	27		2	29
	牦牛	12	1		13
	大额牛	1			1
羊类	绵羊	42	21	11	74
	山羊	59	8	5	72
马驴驼	马	29	15	13	57
	驴	25			25
	驼	5		1	6
其他类	兔	6	9	14	29
	犬	11	1	20	32
	鹿	3	10	1	14
	毛皮动物	1	7	7	15
	特禽	3	1	9	13
	蜂	13	7	8	28
合计	22种（类）	554	166	181	901

（三）中国重要畜禽遗传资源

1. 重要的猪遗传资源

我国年饲养量超过1万头的优良地方猪品种有40余个，包括广东小耳花猪（两广小花猪）、海南猪、凉山猪（乌金猪）、柯乐猪（乌金猪）、荣昌猪、撒坝猪、合作猪（藏猪）、内江猪、梅山猪、昭通猪（乌金猪）、合川黑猪（湖川山地猪）、宁乡猪、巴马香猪、关岭猪、恩施黑猪（湖川山地猪）、滇南小耳猪、桂中花猪、嘉兴黑猪、二花脸猪、东山猪（华中两头乌猪）、黔邵花猪、白洗猪、盆周山地猪（湖川山地猪）、香猪、成华猪、迪庆藏猪（藏猪）、沙子岭猪（华中两头乌猪）、陆川猪（两广小花猪）、高黎贡山猪、西藏藏猪（藏猪）、雅南猪、黔北黑猪、大花白猪、四川藏猪（藏猪）、黔东花猪、丫杈猪（湖川山地猪）、金华猪、淮北猪（淮猪）、保山猪、南阳黑猪等品种。

2. 重要的家禽遗传资源

我国开发较好的优质地方肉鸡有广西三黄鸡、文昌鸡、清远麻鸡、固始鸡、宁都三黄鸡、崇仁麻鸡等；优质蛋鸡资源主要包括仙居鸡、白耳黄鸡等。我国地方蛋鸭品种是世界上产蛋最多的类型，如浙江的绍兴鸭、福建的山麻鸭、金定鸭等，其年产蛋量达到280～300枚，还有以产双黄蛋著称的高邮鸭，具有蛋重大、蛋品质优异等特点。肉鸭主要是快长型肉鸭和番鸭，北京、江苏、四川等地以北京鸭为代表，其他地区则以我国的番鸭与其他品种杂交生产的半番鸭为主。我国地方鹅大多产蛋多、蛋大、开产早，以豁鹅、四川白鹅、太湖鹅为代表，是具有巨大蛋用潜力的稀有种质资源。

3. 重要的牛、羊遗传资源

我国普通牛著名的有5大品种：秦川牛、鲁西黄牛、南阳牛、延边牛和晋南牛。存栏量较多的有南阳牛、关岭牛（盘江牛）、巫陵牛、吉安牛、锦江牛、凉山牛、文山牛（盘江牛）、黎平牛、广丰牛、威宁牛、甘孜藏牛、

滇中牛、昭通牛、大别山牛、西藏高山牦牛、贵州水牛、德昌水牛等品种。

我国绵羊中以湖羊（产羔皮）、滩羊（产裘皮）、高原型藏羊（产地毯和壁毯）、同羊、阿勒泰羊（制作风味食品）等品种比较著名。目前存栏量较多的地方绵羊品种资源有西藏羊、蒙古羊、小尾寒羊、哈萨克羊、乌珠穆沁羊、西藏山羊、黄淮山羊、新疆山羊、内蒙古绒山羊、辽宁绒山羊等。

三、林木遗传资源

（一）林木树种

中国有木本植物8 000多种，其中乔木约2 000种，分别占世界的54%和24%。中国华南、华中、西南大多数山地未受第四纪冰川影响，从而保存了许多在北半球其他地区早已灭绝的古老孑遗种，如水杉、银杏、银杉、水松、珙桐、香果树等。中国特有树种种类丰富，有银杏科、马尾树科、大血藤科、伯乐树科、杜仲科、银鹊树科、珙桐科7个特有科；有金钱松属、银杉属、华盖木属等239个特有属；特有种有金钱松、白豆杉、台湾杉、毛白杨等约1 100种。

中国有重要经济价值的树种约1 000种，其中主要的人工造林树种约300种。根据主要功能和用途，将树种分为用材树种、经济树种、防护树种、园林观赏树种和能源树种5类（高吉喜等，2018；郑勇奇，2014）。

1. 用材树种

中国用材树种种类繁多，为用材林培育及其良种选育提供了基础。目前广泛应用的用材树种（属）主要有杉木、马尾松、油松、侧柏、杨树、泡桐、落叶松、红松、云杉、华山松、樟子松、云南松、水曲柳、柳树、栎类、白桦、西南桦、榆树、鹅掌楸、桤木、楸树、竹类、刺槐、桉树、相思、湿地松、火炬松、加勒比松等。其中落叶松属10种1变种，约占世界落叶松种类的60%；杨树有53个种，占世界杨树种类的50%以上，杨树人工用材林面积为309万hm^2；栎属51种14变种1变型，占世界栎树种类的20%。

2. 经济树种

中国经济树种约1 000种，主要以木本粮油、药用、化工原料、果树、木本菜蔬等树种为主。木本油料树种有200多种，其中可食用的有50种，如油茶、核桃、油棕、山杏、榛子等；木本粮食树种有100多种，主要有板栗、枣、巴旦杏、阿月浑子、柿等；果树约140种，包括苹果、梨、桃、柑橘、杏、李、猕猴桃、荔枝、龙眼、杨梅、枇杷等，其中苹果和梨的产量占世界总产量的50%左右，均居世界首位；木本药用植物近1 000种，如刺五加、五味子、杜仲、黄檗、厚朴、肉桂、枸杞、银杏、红豆杉等；工业原料树种有化香、樟树、金合欢、橡胶、漆树、油桐、皂荚、苦楝、松树、栓皮栎等。其他还有茶、桑、香椿、辽东楤木、花椒等。

3. 防护树种

防护树种适应性强，种类繁多，在水土保持、荒漠化防治、农田防护林和沿海防护林建设等方面具有重要作用。常用的防护树种中乔木树种有侧柏、山杏、刺槐、木麻黄、胡杨、海桑、木榄、麻栎、栓皮栎、樟子松、旱柳、白蜡、新疆杨、山杨等，灌木树种有沙棘、沙拐枣、沙柳、柽柳、柠条、梭梭、沙地柏、紫穗槐、白刺、花棒、踏榔等。防护树种变异幅度大，为生态治理提供了丰富的树种选择。如中国柳树约有256种63变种，占世界柳树种类的50%左右，柳树不同种类耐盐碱能力差异大，适宜轻度盐碱地的有旱柳、杞柳，适宜中度盐碱地的有白柳、沙柳等；沙棘属有7种4亚种，占世界沙棘种类的70%以上。

4. 园林观赏树种

中国园林观赏树种种类十分丰富，有1 200种以上，主要观赏乔木树种（科、属）有银杏、珙桐、雪松、鹅掌楸、白皮松、国槐、柏木、悬铃木、罗汉松、七叶树、香樟、榕树、栾树、槭树、木兰、桂花、紫薇、海棠；主

要观赏灌木和木质藤本树种（属）有牡丹、杜鹃、梅花、丁香、山茶花、黄杨、小檗、连翘、迎春、猬实、金银木、紫藤、蔷薇、木槿等。中国槭树属有150种以上，占世界槭树种类的75%；木兰科树种有11属约140种，分别占世界属的73%、种的53%以上；丁香属有20多种，占世界丁香种类的65%以上；蔷薇属植物约有90种，约占世界蔷薇种类的41%。

5. 能源树种

中国能源树种种类繁多，分布范围广泛，林木生物质能源总量在180 000亿kg以上 。其中速生优质的主要薪炭树种有60种，乔木包括马尾松、湿地松、蓝桉、赤桉、巨桉、细叶桉、尾叶桉、麻栎、栓皮栎、刺栲、石栎、木荷、桤木、木麻黄、南酸枣、楝树、旱柳、刺槐、杏亚属等；灌木包括胡枝子属（含40种）、梭梭、多枝柽柳、甘蒙柽柳等；主要木本油料树种10多种，包括黄连木、麻疯树、油桐、乌桕、文冠果、光皮树等。木本油料作物栽培面积不断扩大，生物燃料研究开发取得明显进展，2010年10月，开始将麻疯树生产的生物燃料作为航空燃油试用。

6. 竹、藤种类

中国是世界竹子的分布中心之一，也是世界上竹类资源最丰富的国家，有37属500余种，约占世界的50%，许多竹种为我国特有，特有竹分类群有10属48种。竹林面积达538.1万hm^2，其中毛竹林面积386.8万hm^2。

中国藤类植物丰富，有棕榈藤3属42种26变种，其中省藤属37种26变种，黄藤属1种，钩叶藤属4种，主要分布于云南、海南、广东和广西。

（二）主要林木遗传资源（品种资源）本底现状

中国人工林面积居世界首位，在人工造林中，林木遗传资源，特别是优良的遗传资源得到了广泛应用，如在短周期工业用材林、纸浆原料林中，大量应用了杨树、桉树、杉木、马尾松等树种的优良种源、优良家系、优良无性系等，其中杨树品种已经更新了5代，杉木、马尾松种子园已经更新了

2～3代，每一代都在上一代基础上拥有更多的优良性状，单位面积产量和经济效益显著提高，抗病虫害等能力显著增强，为农林业可持续发展做出了贡献。

中国木本植物虽然种类繁多，但绝大多数仍处于野生状态，主要的林木栽培种有300多个，在生产中大面积栽培应用的只有几十种。由于栽培树种长期受环境条件和人工选育的影响，形成了类型和品种的多样性。如速生杉木有融水、三江等种源，观赏杉木品种有黄枝杉、软叶杉；毛白杨有箭杆毛白杨、易县毛白杨、塔形毛白杨、截叶毛白杨、河南毛白杨、京西毛白杨、小叶毛白杨等10个类型；板栗品种资源极其丰富，有食用、材用板栗品种300多个，分为北方品种群和南方品种群；观赏、药用牡丹品种1 300多个，分为中原品种群、西北品种群、江南品种群和西南品种群；核桃栽培品种有300多个，有早实品种类群、晚实品种类群、铁核桃类群；榛子按照坚果形状可分为圆形榛、扁圆榛、圆锥榛、长圆榛、扁形榛、尖榛、平顶榛7个类型，杂交培育的榛优良品种和品系100多个；柿有800多个品种，可分为有核品种群、无核品种群，还有早熟、中熟、晚熟等品种群。此外，其他一些栽培树种也具有丰富的品种多样性。

截至2015年，我国审定的林木良种达4 000多个，审定通过的林木（花卉）新品种达1 200多个，其中大多数已经在全国林木种质资源保存单位和良种基地得到推广应用，推广面积1 001 km^2，苗木200亿株以上（高吉喜等，2018；郑勇奇，2014）。

四、水产生物遗传资源

（一）淡水水产生物种类

中国内陆淡水水产生物以鱼类种群资源最为丰富。目前已分类描述的纯

淡水鱼类有967种，约占世界淡水鱼类的10%，海河洄游性鱼类15种，河口性鱼类68种。在分类组成上，以鲤形目种类最多，有623种，占中国淡水鱼种类的64.4%，鲶形目、鲈形目和鲑形目也有一定的数量，这四目鱼类总数约占内陆淡水鱼类总数的97%。淡水鱼类已保存和开发养殖的有60余种，它们是中国淡水养殖的重要种类，其产量占中国淡水养殖产量的80%以上，重要经济种类主要有青鱼、草鱼、鲢、鳙、鲤、鲫、鳊、鲂、刀鲚、鲥、银鱼、鳗鲡、鲌、鳜、密鲴、鲟、鳇、哲罗鱼、细鳞鱼、狗鱼、裸鲤等，其中长江的鲟、鲥、银鱼、团头鲂，黄河的鲤，黑龙江的鲟鳇鱼、鲑，青海湖的裸鲤等都是名贵的经济种类。

中国淡水虾类计有7属70多种，其中米虾属（40种）、白虾属（4种）、沼虾属（25种）和小长臂虾属（2种）为重要的经济种类。米虾属的代表种类为锯齿米虾，白虾属的代表种类为秀丽白虾、短腕白虾和脊尾白虾，沼虾属的代表为日本沼虾和海南沼虾，小长臂虾的代表种类为中华小长臂虾和越南小长臂虾。淡水蟹类有228种，其代表种类为中华绒螯蟹、绒毛近方蟹、华东腹蟹。此外，软体类腹足纲有169种，爬行类中龟鳖有36种，水生维管束植物和大型藻类有437种。

中国主要软体动物有贝类和头足类动物。中国淡水贝类有104种，其中螺类有56种，蚌类有48种，淡水贝类的代表动物有田螺、螺蛳、蚌、蚬和蜗牛等。

水生植物中的重要经济种类主要有两类，一类是食用植物，另一类是工业原料。较常见的经济种类有蒲草、荸荠、茭白、芡实、菱、藕、芦苇等，其中菱藕、芡实、茭白等是中国特有的重要的经济食用种类（高吉喜等，2018）。

（二）海水水产生物种类

中国四个海区已有分类描述的鱼类有2 156种，其中经济鱼类约300种，常见且产量较高的经济鱼类60～70种；虾蟹类有300多种，藻类有2 000种，软体动物有200多种。

常见鱼类1 707种中软骨鱼类计有179种，硬骨鱼类1 528种。土著种79种，特有种15种。已得到保护和保存的约43种，已进行开发养殖的有43种，在中国海水养殖产量中占有重要地位。在种类组成上，海水鱼类以鲈形目为主，其数量占海洋鱼类总数的47%。较常见的养殖种类有鲻、梭鱼类、鲷类、石斑鱼类、鲈类、鲳类、鲹类、东方鲀类、鲆鲽类等。

中国沿海已知有分布的海洋甲壳动物有磷虾类42种，蟹类600余种和虾类300余种，代表虾类有对虾、新对虾、仿对虾、赤虾、鹰爪虾、褐虾和龙虾等，其中日本沼虾、罗氏沼虾、中国对虾、中华绒螯蟹、锯缘青蟹等已成为中国海、淡水的重要品种，年产量在50万～100万t。

海洋贝类有2 456种，其中螺类1 583种，贝类873种，海产贝类的代表动物有鲍鱼、香螺、红螺、东风螺、玉螺、泥螺、蚶、牡蛎、扇贝、江珧、文蛤、蛤仔、蛏等。大多数的贝类均可食用，因此具有经济价值。

目前，已经确认中国海域有浮游藻类1 500多种，固着性藻类320多种，经济藻类50多种，代表种类有海带、紫菜、裙带菜、江蓠、石花菜、麒麟菜、鹧鸪菜等，是中国、日本、朝鲜等东方国家人民喜欢食用的经济藻类。

（三）养殖水产生物种类

水产养殖品种仅占全部水生生物物种中的极少数。中国水产养殖品种由20世纪60年代的10多种鱼类、贝类和藻类，增加到近年的水生经济动植物150多种，包括鱼类89种、虾类10种、贝类12种、藻类17种、其他虾蟹类12种（高吉喜等，2018）。

1. 淡水养殖

中国是世界上淡水养殖发达的国家。中国淡水养殖种类，除“四大家鱼”、鲤、鲫、鲂等外，还有鲟鳇鱼、大西洋鲑、香鱼、银鲫、翘嘴红鲌、

中华倒刺鲃、长吻鮠、黄颡鱼、日本沼虾、中华绒螯蟹等60余种。淡水养殖鱼类包括野生驯化种类、地方品种、人工选育的品种和国外引种驯化种类四个类型。在资源引进方面，新中国成立以来中国大陆引进水生经济动植物达140种，其中鱼类89种、虾类10种、贝类12种、藻类17种、其他种类12种，这些物种70%以上是20世纪80年代后引入的。

2. 海水养殖

新中国成立初期，中国仅限于采集少量的传统野生资源种类，在浅海滩涂上开展海水养殖，养殖规模小、种类也少。现今在人工繁育技术问题基本解决的基础上，海水养殖育苗成功和实施规模化生产的种类至少有20科43种，主要种类有石首鱼科的大黄鱼、美国红鱼等7种，鲷科的真鲷等4种，鲻科的鲻鱼等2种，鲳科5种，石鲈科的花尾胡椒鲷等4种，牙鲆科的牙鲆，光吻鲈科的光吻鲈，鲀科的红鳍东方鲀等2种。其中大黄鱼年育苗达到1亿尾，这些种类的育苗成功和实施规模化生产为中国海水养殖业的持续健康发展奠定了基础。

贝类是中国海、淡水养殖的重要种类。牡蛎、扇贝、蛤和鲍鱼的产量已占海水养殖产量的30%，淡水贝类生产的珍珠产量每年在1 000t左右，居世界首位。养殖的经济藻类主要有海带、裙带菜、麒麟菜、江蓠、红毛藻、角叉藻、龙须菜、紫菜等。近年又开发出一些新的养殖种类，并开展了小规模的养殖。

五、观赏花卉遗传资源

（一）观赏花卉类型

1. 按生态习性分类

按生态习性分类的方法应用最为广泛。按此分类可将花卉分为草本花卉、木本花卉2大类。草本花卉：包括一、二年生花卉，宿根花卉，球根花卉，多年生常绿草本花卉，水生花卉，蕨类花卉，多浆类花卉以及草坪花卉。而木本花卉则包括落叶木本花卉和常绿木本花卉。

2. 按观赏部位分类

按观赏部位分类可将花卉分为观花类、观叶类、观果类、观茎类、芳香类。观花类是以观赏花色、花形为主，如菊花、牡丹等。观叶类是以观赏叶色、叶形为主，如变叶木、龟背竹等；而观果类则以观赏果实为主，如金橘、佛手等；观茎类是以观赏茎部为主，如仙人掌、光棍树、佛肚竹等；芳香类是以嗅闻气味为主，如米兰、茉莉、桂花、白兰花、含笑、蜡梅等。

3. 按光照强度分类

按光照强度可将花卉分为喜阳性花卉和耐阴性花卉。喜阳性花卉如梅花、水仙、迎春、桃花、白玉兰等。耐阴性花卉如龟背竹、春芋、绿萝、吊兰、文竹、广东万年青等（王玉栋，2017）。

（二）观赏花卉植物种类

2004—2009年，环境保护部先后组织科研人员500余人次对我国观赏植物种质资源进行了系统调查和编目工作，制定了观赏植物评价标准，确定中国原产观赏植物种类7 939种，完成其中6 008种的编目工作，包括观赏价值高的木兰类144种、山茶类207种、杜鹃花类350种、兰花类421种、观赏棕榈类40种、观赏蕨类169种、观赏瓜果367种、水生花卉103种、观赏竹类142种、针叶观赏植物101种、阔叶乔木花卉597种、观花灌木1 130种和草本观赏植物2 237种，为我国观赏植物种质资源的收集、整理和资源保护策略的制定奠定了基础。

根据调查，原产我国的野生花卉7 000余种，重要的观赏植物资源包括木兰科、山茶科、杜鹃花科、兰花科、芍药科、毛茛科、百合科、苦苣苔科、蔷薇科、木樨科、龙胆科及蕨类植物等，而且大多数野生观赏植物分布

以我国为中心，一些种类已成为国内外重要的栽培观赏植物或现代花卉的重要育种亲本（高吉喜等，2018）。

（三）主要观赏花卉遗传资源（品种资源）本底现状

观赏植物品种经人工选育获得的性状基本一致，遗传特性比较稳定，具有人类需要的某些观赏性状或经济性状，是人类干预的产物，是长期选择、培育的劳动成果。中国花卉栽培历史有3 000多年之久，形成变异广泛、类型丰富、品种多样的特点。例如，在宋代就已有杏梅类的梅花品种，以后形成的梅花品种达到300多个，其品种类型丰富、姿态各异，枝条有直枝、垂枝和曲枝等变异，花有洒金、台阁、绿萼、朱砂、纯白、深粉等变异。桃花在我国也有3 000多年的栽培历史，有直枝桃、垂枝桃、寿星桃、洒金桃、五宝桃、绯桃、碧桃、绛桃等多种类型和品种。李属中的杏花、樱花等也有类似的变异类型和品种。中国凤仙花清初有233个品种，有花大如碗、株高3m多的“一丈红”，具有茉莉花芳香的品种“香桃”，开金黄色花的品种“葵花球”，开绿花的品种“倒挂么凤”。桂花已在中国栽培2 500年，现有150多个品种。

其他如菊花有3 000多个品种；牡丹有800多个品种；芍药有400多个品种；荷花有160多个品种；茶花有300多个品种；此外，月季、蔷薇、丁香、紫薇、杜鹃、百合等也是丰富多彩、名品繁多。

六、生物遗传资源相关传统知识

中国历史悠久，民族众多，中国各民族劳动人民在数千年的生产和生活实践中，创造了丰富的保护和持续利用生物多样性的传统知识、革新和实践，特别是我国的传统医药，包括中医药和民族医药，都是闻名世界的典型传统知识。中国虽然不存在具有殖民意义的土著居民（indigenous people），但是中国至今仍然保存着许多少数民族社区，当地少数民族人民一直维持着自己民族的传统文化，保持着传统生产方式和生活方式，他们实际上是那里的原住民，与国际上所谓的“土著和地方社区”（ILC）的概念很接近。因此，可以将我国一些民族地区等同地视为国际概念上的“土著和地方社区”（李保平，薛达元，2021；薛达元等，2012）。

根据《生物多样性公约》有关遗传资源和传统知识的概念，结合中国的基本国情，并依据传统知识的知识内涵，将中国的传统知识划分为以下5个主要类型（薛达元，郭泺，2009）。2014年，环境保护部以第39号公告发布了《生物多样性相关传统知识分类、调查与编目技术规定（试行）》，这是全球第一次以政府标准形式提出的生物多样性相关传统知识分类体系（共5类30项）（http://www.mee.gov.cn/gkml/hbb/bgg/201406/t20140606_276593.htm）。

（一）传统利用农业生物及遗传资源的知识

这类传统知识是指当地社区和人民在长期生产、生活中驯化、培育和使用栽培植物和家养动物品种资源和其他生物资源所积累和创造的知识。包括当地民族、社区和家族千百年来选育、培育和应用农作物、林木、花卉等植物及其品种资源的知识，以及与这些知识相关的丰富多彩的农作物品种资源；驯化和繁育优良家畜、家禽、鱼类、宠物等动物及其品种资源的知识，以及与这些知识相关的大量存在于民间的地方畜禽品种资源。这类知识主要基于生物物种资源和遗传资源的保护、开发与应用，是当地社区和人民赖以生存发展的知识财富（图6、图7）。

（二）传统利用药用生物资源的知识

传统医药是中华民族在长期与自然和疾病斗争中形成的健康保健知识，

图6　贵州传统水稻品种——香禾糯

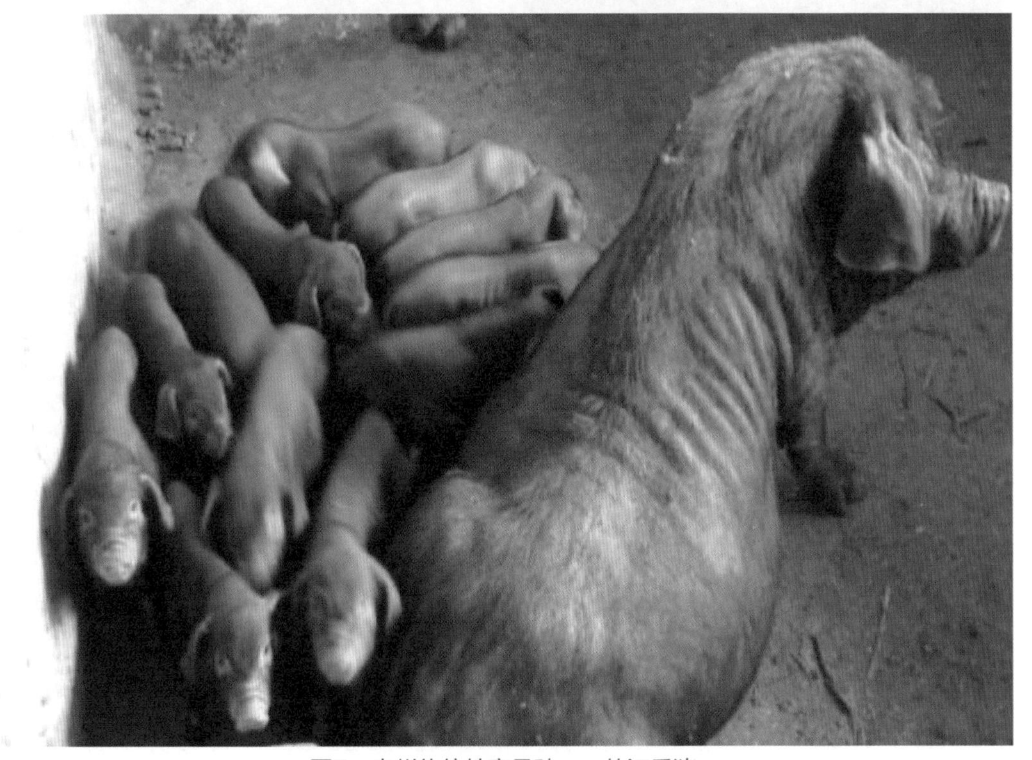

图7　贵州传统牲畜品种——从江香猪

是中国最典型的传统知识，民族医药除了中医药，还有藏药、苗药、侗药、彝药、傣药、蒙药等，都是各族人民经过成百上千年实践得出的知识结晶。此外，还有大量的民间草药，虽然没有系统的医药理论，但也是医药知识的累积。传统医药知识包括传统医药理论知识（如药物理论、方剂理论、疾病与诊疗理论等）、传统药用生物资源（如数量众多的传统药材物种资源和基因资源）、传统药材加工炮制技术、传统药材栽培和养殖知识、传统医学方剂（如古籍中记载的9万余个医方）、传统诊疗技术、传统养生保健方法、传统医药特有的标记和符号等（图8、图9）。

图8　藏族传统医学

图9　传统中医药

（三）生物资源利用的传统技术创新与传统生产生活方式

这类传统知识主要指民族和社区在长期的农业生产和生活实践中创造的传统实用技术，这类技术对于保护生物多样性和持续利用生物资源具有较好的实用效果，对于提高食品质量和保证食品安全也有较高的价值。包括传

统的生态农业技术和生物资源加工技术，如：立体种植以充分利用空间和阳光；多种植物或多种品种混合种植防治病虫害；稻田养鱼、家庭沼气等综合利用；生物发酵、酿造等食品加工传统技术与创新；纺织技术及利用植物天然色素的民间扎染技术；刀耕火种、草库伦等传统轮歇耕作方式；当地人民食用生物资源的方式等。这些都属于技术、创新和实践做法的传统知识范畴（图10、图11）。

图10 传统农业技术——稻田养鱼

图11 传统工艺——纳西族手工造纸

（四）与生物资源保护与利用相关的传统文化与习俗

这类传统知识包括能体现保护生物多样性和可持续利用生物资源的民间艺术、文学作品、工艺品、绘画等；传统宗教文化，如民族图腾、宗教习俗、祭祀、典礼、节日和神山、神林、风水地等带有宗教色彩的原生态保护意识；习惯法，如乡规民约、族氏制度、民族风俗中对生物资源的保护与利用习惯。一些宗教活动直接与生物资源的保护与利用相关，例如：少数民族对一些动、植物物种的崇拜，确保了这些物种的生存；在宗教祭祀活动中常使用的物种通常也能得到有效的保护和种质资源开发，如青稞酒的广泛应用实际上促进了青稞品种资源的保护与发展；基于民族文化的饮食习惯也与物种资源的保护和品种开发紧密相关（图12、图13）。

图12 哈尼族水稻农事日历

图13 蒙古族传统节日与食品

（五）传统地理标志产品

地理标志产品是一个特定地区所生产的具有历史、文化和质量特征的原产产品，其产品常以当地地名冠名，以其特定文化内涵而获得历史声誉。与生物多样性相关的传统地理标志产品是指利用传统知识和当地生物资源而生产的一种生物产品，常常是农副产品。作为一种综合性的传统知识，传统地理标志产品集多种传统知识于一身：首先该产品是当地的传统驯养或栽培物种或品种资源，具有在特定环境下形成的遗传品质，使用了传统的生产、加工和储存技术，并在长期的生产、销售和食用过程中形成了特定的和家喻户晓的文化内涵。例如，云南普洱茶源于当地丰富的茶种质资源，在当地特定生态环境下，使用特定的栽培和发酵加工技术，并在长期的运输销售过程中，形成了“茶马古道”的特别文化内涵（图14、图15）。

图14 地理标志产品——云南普洱茶

图15 地理标志产品——云南宣威火腿

第三章

中国生物遗传资源的利用

一、农作物遗传资源利用

（一）优良基因挖掘

在农业农村部“农作物种质资源保护与利用专项”等国家项目的支持下，中国农业科学院作物科学研究所等科研机构开展了多种农作物种质资源精准鉴定评价，新基因发掘取得显著成效。在对种质库、圃、试管苗库保存的所有种质资源进行基本农艺性状鉴定的基础上，对30%以上的库存资源进行了抗病虫、抗逆和品质特性评价，并对筛选出的10 000余份水稻、小麦、玉米、大豆、棉花、油菜、蔬菜等种质资源的重要农艺性状进行了多年多点的表型鉴定评价，发掘出一批作物育种急需的优异种质。

针对育种和生产中的主要目标性状，运用现代分子生物学的理论技术，发掘了大量的重要功能基因，特别是与产量、品质、抗旱性等相关功能基因的发掘成效显著。例如，从普通野生稻中找到了能使杂交稻产量提高25.9%和23.2%的两个基因位点；通过分子标记与图位克隆的方法，分离出水稻分蘖控制基因 *MOC*1；从小麦遗传资源中，发现了能够显著提高穗粒数的基因位点；从棉花基因资源中发现了与纤维发育相关的基因位点。这些功能基因的发掘，为基因工程育种、提高粮食产量和繁荣农业经济奠定了基础（王述民等，2011）。

近年来，中国科学家牵头对水稻、小麦、棉花、油菜、黄瓜等多种农作物完成了全基因组草图和精细图的绘制，给全基因组水平的基因型鉴定带来了机遇。利用测序、重测序、SNP技术对水稻、小麦、玉米、大豆、棉花、谷子、黄瓜、西瓜等农作物5 000余份种质资源进行了高通量基因型鉴定。此外，在全基因组水平上对水稻、棉花、芸薹属作物、柑橘、苹果、枇杷等农作物的起源、驯化、传播等进行了分析，获得了一些新认识。应用关联分

析等方法在多种农作物中获得一批控制重要农艺性状的重要基因，并深入研究了部分基因在种质资源中的等位基因类型、分布及其遗传效应，为种质资源的进一步利用提供了解决方案（刘旭等，2018）。

（二）为新品种培育提供基因资源

国家和地方农作物种质资源保存库是农作物新品种培育的基因源泉。保存在中期库和种质圃中的种质资源通过定期的繁殖更新，有效缓解了作物育种中种质资源的供需矛盾。近20年来，累计更新保存库种质资源430 925份，其中中期库343 617份，种质圃87 308份，基本实现了有种可供，近年年分发8万多份次，是2001年《农作物种质资源保护与利用》专项实施前的13倍。通过田间展示与信息和实物共享，作物种质资源在解决国家重大需求问题中的支撑作用日益显著，支撑或服务于各类科技计划项目/课题2 380余个，新品种500多个，重要论文300余篇，重要著作38部。2017年，通过农业部（现为农业农村部）公布了87种农作物439 份绿色和特色优异种质资源，为推进农业供给侧结构性改革提供了新鲜血液。2013—2017年5年中全国作物种质资源团队共获得国家科技进步奖11项，省部级科技进步奖40项，显示出保存种质资源的巨大利用潜力（刘旭等，2018）。

地方品种和农家品种为现代植物育种提供了丰富遗传多样性的同时，也一直是我国粮食安全的坚实基础，具有深远的社会影响。据统计，我国作物育成品种中，80%以上含有国家作物种质资源库圃资源的遗传背景，一批具有成百上千年种植历史的农家品种，如上隆香糯、九山生姜、彭州大蒜等一直是地方特色产业发展的源头支撑。当前，我国农作物自主品种达95%以上，畜禽核心种源自给率达到64%，品种资源对农业增产的贡献率达到45%。此外，资源收集保护与鉴定评价、发掘创制与育种应用等工作的开展，有力支撑了突破性新品种的培育推广，推动实现了农作物矮秆化、杂交化等历次农业绿色革命，持续提升了我国种业自主创新能力（王述民，张宗文，2011）。

（三）利用种质资源培育出大量新品种

新中国成立70多年来，我国农业遗传资源保护与利用取得举世瞩目的成就，为保障国家粮食安全、生物安全和生态安全提供了有力支撑。新的时代，新的起点，新的征程，农业遗传资源保护与利用将为建设现代化种业强国、实施乡村振兴战略，实现中华民族伟大复兴做出更大的贡献。以国家最高科学技术奖获得者袁隆平院士为代表的科学家，通过创制“野败型”“冈D型”“印水型”“红莲型”和“温敏”不育系等新种质及其广泛利用，使中国杂交水稻育种处于国际领先水平。1969年，四川农业大学严济教授等创制小麦“繁六”新种质，广泛用作育种亲本育成一系列推广面积很大的小麦品种；山东农业大学李晴祺教授等创制小麦“矮孟牛”新种质，利用其作为育种亲本育成13个小麦品种，1983—1996年期间累计推广206万hm^2；国家最高科学技术奖获得者李振声院士系统研究了小麦与偃麦草远缘杂交，将小麦野生近缘种偃麦草中的多种优良基因转移到小麦中，育成了“小偃四号”“小偃五号”“小偃六号”等一系列小麦新品种，“小偃六号”到1988年累计推广面积360万hm^2，不仅为中国小麦育种做出了杰出贡献，而且为小麦染色体工程育种奠定了基础；南京农业大学陈佩度教授等将小麦野生近缘种簇毛麦中的抗白粉病基因Pm21 导入小麦，培育出一批对多种白粉病菌生理小种均表现高抗或免疫的新品种（刘旭等，2018）。

（四）农家品种的传统利用

中国农业科学院作物科学研究所研究人员在收集农家农作物品种资源和调查遗传资源相关传统知识时，调查了贵州等少数民族地区农家品种用于传统饮食、节庆、宗教仪式、婚丧活动、医药方面的案例（高爱农等，2015）。

许多少数民族地区保留着传统的饮食习惯和文化，如贵州的苗族、侗族、水族、布依族、毛南族等少数民族都喜食糯性食品，因此他们大多种植糯稻、糯玉米、糯小米等地方品种。当地人多有饮酒习惯，酿酒的原料主要是当地的地方种质资源，如黎平县侗族用水稻品种侗禾，印江县土家族用荞麦品种苦荞，威宁县彝族用玉米品种小白苞谷酿造白酒，酿出的酒共同特点是酒质好，出酒率高，外观好。

少数民族在他们的节日都习惯用本地农家作物品种庆祝，如贵州北部松桃县苗族、土家族的“重阳节”“七月半”必用稻的地方品种十八箭红米、高秆九月糯等庆祝。黔东南黎平县侗族在“乌饭节”“九月九”庆祝中，用禾类稻品种水牛毛蒸有色饭；剑河县苗族、侗族在“端午节”“七月半”等节庆中，水稻地方品种摘糯是必备食品——糍粑的主要原料。黔南州三都县布依族在“七月半”节中，祭台上摆放有鸭、糯米粒、糯米饭、稀饭等，所用的稻品种必须是地方品种。此外，当地人还将摘糯的穗子挂于房梁祈福平安。

“药食同源”的传统知识在中国许多地区盛行。毛南族认为苦荞和糯米混合做粑粑食用，可治疗胃病和妇科病，并且有保健功效；水稻品种黑糯米籽粒黑色，产妇吃黑糯米米饭，能起到催奶作用，小孩吃长得壮实。苗族、土家族认为地方品种红玉米有助于治疗痔疮；薏苡品种薏仁的根可药用，煮水喝可治疗胆结石、肾结石等病；地方品种黑大豆可药用，与猪肉同炖煮，食用可治疗头昏、头疼、头晕。水族认为排老魔芋具有开胃、助消化作用，食用可减肥、降血压、治疗便秘。布依族种植的木姜子属植物山苍籽具有解毒消肿、理气散结作用，生吃可健胃消食，叶捣碎涂抹或水煎服，可治疗蚊虫咬伤等。

（五）少数民族对野生植物的传统食用

许多少数民族有直接食用村庄和住宅周边的野生动植物的习惯，如西双版纳地区的傣族自古以来就有食用野生植物花朵的习惯，还喜爱食用一种野生的竹虫。调查发现，居住在云南德宏地区的景颇族、德昂族等少数民族，并没有栽培蔬菜的习惯，而是直接食用村庄和住宅周边的野生植物，可作为蔬菜食用的野生植物达数十种，甚至当地的农贸市场也有出售。

对青海省土族社区的调查表明：土族常用的传统利用野生植物种类共有90种，分属32科65属，以菊科、蔷薇科和唇形科植物居多，分别占利用野生植物种数的10%、7.78%、5.56%。土族传统的野生植物的利用方式主要包括食用、药用、饲料、建筑、文化、生产生活以及其他用途共7类，药用植物主要利用根部，食用植物以利用茎和叶为主。

有些民族既栽培蔬菜，也利用野生植物。对云南沧源县与西盟县佤族地区传统蔬菜种质资源的调查结果表明：佤族常用蔬菜110种，隶属40科85属，其中栽培蔬菜60种，野生蔬菜50种；佤族传统文化从食用蔬菜部位多样性、饮食习惯、祖先情怀、“药食同源”及传统留种换种方式等对蔬菜种质资源的保存与传承利用具有重要影响（邵桦，薛达元，2017）。

贵州和广西许多少数民族为抵御潮湿环境，长期以来形成了独特的酸食文化。广西壮族山区还通过制作酸食有效延长食物的储存时间，满足山区居民一年四季的饮食需求。壮族常见的有酸鱼、酸肉、酸粥以及酸嘢等。酸嘢主要是指由米醋、糖、辣椒粉腌制而成的当季的蔬菜和水果。对靖西市酸食调查结果表明，当地壮族用于制作酸嘢的常见植物有41种，隶属21科32属（曹宁，薛达元，2019）。

二、畜禽种质资源利用

（一）优良基因挖掘

多年来中国一直重视地方畜禽品种分子育种研究，在生长发育、肉质及

抗病性状选育改良等方面取得重要进展，申请了一批技术专利，部分研究成果达到国际领先水平。利用现代生物学技术，开展深度基因组重测序，成功构建了68个地方猪种的DNA库，为地方猪种质特性遗传机制研究和优良基因挖掘奠定了基础。研究建立了地方家畜遗传材料制作与保存配套技术体系，实现了国家家畜基因库遗传物质保存自动化、信息化和智能化。应用蛋鸡绿壳基因鉴定技术，成功培育“新扬绿壳”“苏禽绿壳”配套系，缩短了育种周期。

资源开发潜力进一步挖掘，以市场为导向，地方畜禽遗传资源开发利用步伐加快，满足了多元化的消费需求，逐步实现了资源优势向经济优势的转化。“十二五”期间，以地方畜禽品种为主要素材，培育了川藏黑猪配套系、Z型北京鸭等50个新品种、配套系。随着国家扶贫攻坚力度的不断加大，地方畜禽遗传资源开发成为产业扶贫的重要手段，为促进农民脱贫致富发挥了积极作用（于康震，2017）。

（二）地方畜禽品种资源产业化

近年来，畜禽遗传资源的开发利用成为地方产业扶贫的重要手段。我国在对畜禽遗传资源实施保护的同时，加大了其产业开发利用力度。我国50%以上的畜禽地方品种在畜禽产业发展中也发挥了重要作用。例如，以地方畜禽品种为基础素材，培育出了如天府肉猪、中畜草原白鸭和延边黄牛等101个新品种、配套系，占地方品种总数的19%；产业化开发的地方品种数量293个，占地方品种总数量的54%。目前，这些地方品种产业化开发利用种类还比较单一，在肉质、药用和抗逆性等优良特性上还未得到充分、系统的深入发掘，特色畜产品优质优价的机制还有待建立，需要与高产畜禽品种竞争市场。因此，需要对优秀地方畜禽品种的特色性状进一步挖掘。近20年来，国际上已经发现与畜禽生产性能相关的DNA标记 1 000多个，定位的数量性状基因座（QTL）2 000多个，重要影响的功能基因有300多个，获得的相关专利400余项，我国地方畜禽品种的优良性状基因定位和功能研究水平将进一步得到提高，地方畜禽品种的产业化将得到更大发展（王启贵等，2019），地方品种产业化开发利用情况见表4。

表 4　地方畜禽品种产业化现状（截至 2015 年）

畜种	产业化开发地方品种		其中用于培育新品种、配套系的地方品种	
	品种数量	占比	品种数量	占比
猪	63	70%	14	16%
牛	38	40%	7	7%
羊	56	55%	11	11%
家禽	115	66%	61	35%
其他	21	25%	8	9%
合计	293	54%	101	19%

（三）市场价值得到提升

资源市场预期价值大幅提升，以市场消费需求为导向，地方畜禽遗传资源开发利用加快发展，部分品种逐步实现了资源优势向经济优势的转化。目前，充分利用地方品种素材培育的高产蛋鸡生产性能已达到或接近国外同类品种水平。目前，黄羽肉鸡占据我国肉鸡市场近半壁江山，山羊绒品质、长毛兔产毛量、蜂王浆产量等居国际领先水平。“十二五”期间，在地方畜禽遗传资源基础上，成功培育了苏淮猪、潭牛鸡、苏邮1号蛋鸭等50个新品种、配套系，取得了显著的经济和社会效益。比如，湘西黑猪、秦川牛、广西三黄鸡、德州驴、临武鸭等品种开发龙头企业年产值均已过亿元；盐池滩

羊被列入第四批中国重要农业文化遗产名录，品牌价值达67.28亿元。地方畜禽遗传资源的文化价值也日益得到关注和挖掘。各地通过建设畜禽遗传资源博物馆等文化场馆，组织兔肉节、赛马节、赛羊会、双黄鸭蛋节、斗鸡节等传统特色文化活动，为畜禽遗传资源开发增添了许多文化内涵（于康震，2017）。

（四）育种创新水平持续提高

畜禽遗传资源保护和利用的理论和方法不断完善，利用信息学模拟技术优化保种方法，制定了国家级保种场个性化保种方案，进一步提升了畜禽遗传资源保护工作的规范性和科学性。积极开展地方畜禽遗传资源优良种质特性和重要经济性状调控机制的研究和应用。家禽方面，“新扬绿壳”“苏禽绿壳”蛋鸡配套系培育应用了绿壳基因鉴定技术，京白1号、京粉2号蛋鸡配套系应用基因敲除技术发现并剔除蛋黄中的鱼腥味基因，成功缩短了育种周期；生猪方面，开展深度基因组重测序，成功构建重点地方猪种的DNA库，为下一步开展优良基因研究和利用奠定了基础。一批国际或国内技术专利获得授权，部分原始创新成果达到国际领先水平，推动了畜禽遗传资源保护和开发利用的进程（于康震，2017）。

三、林木遗传资源利用

（一）林木繁殖技术的突破

林木遗传资源保存的最终目的是利用，为地方可持续发展带来经济、生态和社会等多种效益。特别是无性繁殖技术的研究开发，解决了一些树种种群数量少、繁殖困难大等瓶颈问题。开展了繁殖技术研究与利用的珍稀濒危树种主要包括鹅掌楸、红豆杉、珙桐、连香树、香果树、百山祖冷杉、银杉等100多种。繁殖技术的突破，使濒危树种的种群规模得以不断扩大，可以为开发利用直接提供所需的植物材料，缓解天然资源面临的压力，促进濒危树种遗传资源的保护与保存。

对具有重要经济价值和优良性状的林木遗传资源，包括审（认）定的林木良种、新品种以及地方品种、优良繁殖材料等，通过建立采种基地、良种基地等提供优良种苗和繁殖材料，进行推广利用，其中良种基地包括母树林、种子园、采穗圃、试验示范林4类。早在2011年，已建立良种基地共58.16万hm^2，其中种子园4.88万hm^2，采穗圃1.46万hm^2，各种试验示范林22.21万hm^2，母树林29.60万hm^2；建立采种基地共27.28万hm^2；此外，建立的各种苗圃面积达76.9万hm^2（李斌等，2014 a）。

（二）林木无性系育种及应用

中国对重要造林树种、经济树种和园林观赏树种，如杨树、柳树、杉木、桉树、刺槐、白榆、落叶松、油松、鹅掌楸、沙棘、国槐、银杏等树种进行了大规模的无性系选育研究，选育出一批优良无性系，如毛白杨的三毛杨系列、杉木的开杉系列等，平均遗传增益达20%～50%。建立了杉木、马尾松、毛白杨等树种多地点的无性系采穗圃，并推广利用，营建无性系人工林，为工业用材林的发展做出了巨大贡献。

2001—2012年，采穗圃和无性系繁殖圃每年从采种基地采收的林木种子平均9 374.55t，从种子园采收694.09t，从母树林采收1 791.09t，采穗圃穗条7.815 5亿根，无性系繁殖圃穗条11.576 4亿根，良种壮苗总产量138.7亿株。这些采收的壮苗、种子和穗条主要应用于短周期速生丰产工业林、经济林、造纸原料林、特用林以及其他工程造林项目。用材林良种平均生长增益达10%以上，经济林良种平均产量增益达15%以上（李斌等，2014 a）。

（三）林木新品种审定

在国家造林项目中，大力推广应用林木良种和优良遗传资源。丰富的林木遗传资源，特别是材质优良、生长快速、抗逆性强、适应性广的良种资源，对中国林业和农业持续发展发挥了重要作用。截至2013年，已经审（认）定的全国各级林木良种4 784个，其中国家级林木良种311个。在国家造林项目中，大力推广林木良种和优良遗传资源，通过审（认）定的优良种源、家系、无性系、地方品种等林木良种已广泛应用到各类造林项目中，取得了显著效果（李斌等，2014 b）。

到2013年，国家造林项目中良种使用率和基地供种率都较10年前有了较大幅度的提高。良种具有显著的抗病、抗虫能力，木材产量平均提高15%～25%，综合效益提高15%～32%。另外，还有大量没有审（认）定为林木良种的优良种源、家系、无性系以及地方品种等遗传资源，也在国家造林项目和其他生产实践中得到了应用（李斌等，2014 b）。

（四）优良品种促进造林和林木生产

从20世纪60年代起，中国就选育了一大批林木良种、新品种，其中大多数已经在全国林业遗传资源保存单位和良种基地得到推广应用，创造了显著的经济效益，并产生了巨大的生态效益和社会效益。经过遗传改良的树种有100多种，全国年均提供各类林木种子超2 300万kg，各类合格苗木约300亿株。林木良种的应用产生了明显的综合效益，其中用材林平均生长增益达10%～30%，经济林平均产量增益达15%～68%。

中国人工林面积居世界首位，在人工造林中，林木遗传资源，特别是优良的遗传资源得到了广泛应用，其中，应用规模较大的良种有湘林系列油茶、三倍体毛白杨、中山杉、金叶国槐、桐棉、马尾松等，由于国家重大林业工程项目造林要求必须使用良种材料，促进了良种的生产性应用。如在短周期工业用材林、纸浆原料林中，大量应用了杨树、桉树、杉木、马尾松等树种的优良种源、优良家系、优良无性系等，其中杨树品种已更新换代了5代，杉木、马尾松已更新换代了2～3代，每一代都在上一代基础上拥有更多的优良性状，单位面积产量和经济效益显著提高，抗病虫害等能力显著增强，为农林业可持续发展做出了贡献。

我国重要的木本粮油树种有油茶、油棕、油橄榄、核桃、板栗、柿子、枣等，2014年底全国主要木本粮油树种种植面积有1 000余万hm^2；我国竹林面积有500多万hm^2，约占世界总量的30%。2014年全国林业产业总产值达5.40万亿元，年增长超过20%。我国每年出口林木种苗400多种，林木种子30万kg以上，苗木数百万株，包括银杏、国槐、落叶松、白皮松等。2013年我国林产品进出口贸易额达1 250亿美元（李斌等，2014 b）。

（五）林粮间作的生态效益

在农用林（农林复合系统）中，应用优良的林木遗传资源，如兰考泡桐、豫桐1号、杨树新品种、黑核桃品种等，改善了土壤肥力，阻挡了风沙，减轻了自然灾害，提高了间种套种粮食作物的产量。仅河南省，通过合理选用不同的林木遗传资源建立农田林网，增加粮食产量数亿千克，减少自然灾害等损失30亿～40亿元，收到了林茂粮丰的效果。通过林粮间作，还能增加单位面积生产力，提高农户收入。河北高邑县通过选择优良的白蜡、银杏等树种，采用多种经营组合模式，植树55万棵，进行林粮间作，获得了增收增产的良好效果，提高了农户种树种粮的积极性，对农林业可持续发展具有重要作用（李斌等，2014 b）。

（六）对可持续发展的社会效益

林木遗传资源的挖掘和利用对社会经济可持续发展、保障粮食安全、实现联合国千年发展目标和中国脱贫攻坚目标做出了重要贡献。中国栽培的木本粮油植物有100多种，其中油茶等代表性树种已大规模种植，直接贡献

包括增加了林农收入，减轻或消除了贫困，增加了就业机会，促进了儿童入学率和健康水平的提高，提高了妇女地位，保障了粮食安全，推动了社会经济发展和保证农林业生产及环境的可持续性。中国的银杏、板栗、水杉、国槐、核桃、猕猴桃等特有木本植物已在世界各地广泛栽培，有的已经成为当地经济发展的重要部分，将对全世界实现2030年可持续发展目标做出贡献。未来在木本粮油、木本果蔬等各类经济林树种及其遗传资源的选育和推广应用方面还有很大利用潜力，还将通过技术创新，为贫困地区和生态脆弱地区优先提供优良乔灌木遗传资源及配套加工利用技术（李斌等，2014 b）。

四、水产生物遗传资源利用

（一）水产鱼类育种技术

截至2017年, 我国通过遗传育种技术研制的83个国家级鱼类新品种获批, 在这些鱼类新品种中, 有40个为杂交种（占48.2%）、选育种39个（占47%）、其他类型种4个（占4.8%）。数据表明杂交是目前我国鱼类育种中使用最广泛的育种技术，是防止品种退化及创制优良品种的有效办法。杂交分为远缘杂交和近缘杂交，远缘杂交是指亲缘关系在种间或种间以上的两个物种之间的杂交, 它可以把不同物种的基因组组合在一起, 使得杂交后代在表型和基因型方面发生显著变化。近缘杂交是指同种内的不同品系、不同品种的个体间的杂交, 它可以把不同品种或者亚种之间的基因组组合在一起, 使得杂交后代在表型和基因型方面发生一定程度的变化。显然, 在表型和基因型的变化程度上, 远缘杂交后代产生的变化一般要大于近缘杂交后代所产生的变化。 从亲本的亲缘关系来分析, 近缘杂交可视为远缘杂交中的一种特殊情况，揭示远缘杂交的遗传和繁殖规律，对近缘杂交也具有指导和借鉴作用（王石等，2018）。

（二）水产新品种培育与产业发展

国家大宗淡水鱼产业技术体系隶属于现代农业产业技术体系，承担着解决大宗淡水鱼供给侧优质高产、模式升级、竞争力提升、延长产业链等技术问题。鲤鱼是大宗淡水鱼养殖的一个重要物种，养殖范围广、产量高，优良的品种是促进产业可持续发展的基石，截至2018年，我国一共有215个新品种获得了水产新品种证书，其中鲤鱼新品种占29个，是获得水产新品种证书最多的鱼种。在29个鲤鱼新品种中，选育种18个，杂交种8个，说明鲤鱼在我国水产养殖遗传改良方面做得很好，杂交育种研究时间较长。

利用全国水产种质资源平台丰富的水产种质资源选育基础群体，开展具有高产、优质、抗病（逆）等优良经济性状的水产生物新品种选育研究和新品种培育。2010年以来，平台成员单位共有70个新品种通过了全国水产原种和良种委员会审定，包括福瑞鲤、杂交鲟“鲟龙1号”等鱼类品种28个；斑节对虾“南海1号”、三疣梭子蟹“黄选1号”等虾蟹类品种17个；马氏珠母贝“南珍1号”、文蛤“万里2号”等贝类品种17个；裙带菜“海宝1号”、龙须菜“鲁龙1号”等藻类品种8个（李梦龙等，2019）。

（三）鱼类育种科技创新

鱼类长期近交易导致品种退化，出现生长速度下降、抗性降低、繁殖力降低等不良现象。为防止上述不良现象的产生，常用的鱼类遗传育种技术有杂交、雌核发育、雄核发育、选育、转基因和基因编辑等技术，不少学者用雌核发育技术研制了改良四倍体鱼、改良三倍体鱼（中科3号及中科5号），还用雄核发育技术研制了改良四倍体鱼，近年来基因编辑技术不仅在模式鱼类，如斑马鱼、青鳉研究中得到应用，而且该技术已经广泛地应用到经济鱼类的基因工程育种中。如长江水产研究所利用D系异育银鲫为母本，以生长速度和染色体倍性为主要选育指标，成功选育出四倍体异育银鲫“长

丰鲫”。该新品种倍性高、生长速度快、口感细嫩、鳞片紧密。此外，在黄鳝、鲟鱼、罗非鱼、鲶鱼、鲫鱼和鲤鱼等重要经济鱼类中都有关于基因编辑技术的研究及应用报道（王石等，2018）。

五、观赏花卉植物遗传资源利用

（一）中国花卉产业与市场

目前，我国花卉市场初步形成了“西南有鲜切花、东南有苗木和盆花、西北冷凉地区有种球、东北有加工花卉”的生产布局。花卉行业数据统计表明，山东、江苏、浙江及河南为中国四大花木种植地区，2019年合计花木种植面积超过70万hm^2。其中山东地区为花木种植面积最大的地区，其次为江苏，种植面积都超过20万hm^2。从需求情况来看，观赏苗木需求量最大，在2019年各类花卉中，观赏苗木的需求量超过45%，达到46.86%，其次为盆栽类植物，占比达到24.58%，实用与药用花卉占比11.44%，干燥花、种球用花卉及种子用花卉未超过1%。2019年，我国花卉销售总额为1 302.57亿元，比2018年的1 284.21亿元增长1.43%。出口总额6.2亿美元，与2018年基本持平。主要花卉品种有：大花蕙兰：2019年全国大花蕙兰总产量约560万盆；红掌：2019年全国总产量达4 000万盆；凤梨：2019年全年全国上市量约800万盆。

（二）国内花卉资源的开发

目前市场上比较畅销的大宗切花和盆花产品，如百合、郁金香、蝴蝶兰、红掌、凤梨、大花蕙兰、长寿花、丽格海棠等种源多数来自国外。近年来，我国开始重视本土花卉百合资源的开发。我国百合种质资源十分丰富，百合科百合属全球共有90个种，而原产于中国的有46个种、18个变种，占

50%以上，其中36个种、15个变种为中国特有种。目前国内已有不少科研单位着手野生百合种质资源的收集与开发，并培育出一批具有自主知识产权的品种。如沈阳农业大学保存了原产东北地区辽宁、吉林、黑龙江及内蒙古等地百合属植物22个种共220份种质资源，保存栽培品种133个，其中保存百合野生种类占中国百合属植物的56%，保存的百合品种占中国现有百合品种的60%以上。江苏农业职业技术学院球根花卉种质资源库保存球根花卉38个种类，112个种（变种），503个品种。杭州植物园是我国最早研究石蒜属杂交育种的单位，目前，杭州植物园石蒜属植物科研圃保存了65份种质资源，逾10万球，在开放区域内共栽植稻草石蒜、长筒石蒜、忽地笑、换锦花、中国石蒜等石蒜类植物近80万球。

（三）野生花卉的利用

我国的野生花卉是经过千百年的自然演化而保存下来的宝贵种质资源，是未来花卉育种的物质基础，具有极大的开发利用价值和潜在的经济效益。野生花卉具有以下特点：资源丰富，种类繁多；抗逆性强，适应性广；繁殖简单，栽培容易；成本较低，收效较大；应用成本低，收效大；群体功能强，景观效果好。

通过杂交和基因工程等育种技术，可将野生花卉具有的抗病和抗逆性等优良性状以及携带的特异基因转育到现有观赏植物中，以改良现有栽培品种的遗传品质，创造新品种和新类型。随着基因转化技术和植物再生方法的不断完善和应用，培育蓝色月季、发光植物、紫色郁金香、黄色仙客来和红色球根鸢尾都不再是梦想。将基因工程与传统的育种手段相结合，还可以从野生花卉中培育出大批花色丰富、抗逆性强、性状各异、能够满足各种不同绿化和美化要求的观赏植物。对带有特异性状的珍稀野生花卉，可以通过杂交育种、化学诱变、辐射育种或太空育种等手段改变其不良性状，保持其优良性状，以达到满足园林观赏的目的（张海新，及华，2005）。

（四）开发花卉文化市场

全国各地每年举办多次花卉文化节，以促进旅游文化和花卉商品开发，同时也促进了花卉种质资源的保护与利用。如上海虹华园艺有限公司从2014年开始，每年举办“松江菊花文化节”，通过花海、花田、花坛立体景点，融入众多时尚元素，全面展示丰富多彩的菊花品种，改变人们对传统菊展的刻板印象；北京纳波湾园艺有限公司每年作为分会场，积极参与“北京月季文化节”，成为北京市重要的观花胜地；浙江金华市永根杜鹃花公司的“杜鹃王国”每年四月举办杜鹃文化节，全面展示各种用于园林造景的700多个杜鹃花新优品种，成为金华旅游的新景点。

第四章

中国生物遗传资源保护政策法规与规划

一、生物遗传资源受威胁现状与因素

（一）传统地方品种资源急剧减少

1. 新品种推广导致农家作物品种的大量消失

随着我国育种事业的快速发展，各类农作物育成品种层出不穷，栽培、耕作、病虫害防治和田间管理技术日新月异，品种适应性越来越广，新品种和新技术的推广加快，这些正导致许多长期适应于某些特定条件、具有某些优良特性但产量水平低下的品种逐渐退出生产舞台。因此，我国大多数农作物都出现少数品种占据生产的情况，众多地方品种已不再种植而逐渐丢失。例如，1949年我国有1万个小麦品种（主要是农家品种）在种植使用，到20世纪70年代仅存约1 000个品种在使用，而现在仅存数十个品种在种植，甚至许多地方单一品种种植。其他主要栽培作物也类似，许多地区随着杂交水稻的大面积推广，加快了传统农家水稻品种的消失趋势，如贵州黔东南州黎平县地方优良品种香禾糯的种植面积和品种数量都在减少（薛达元，2005）。

此外，作物在其长期的驯化过程中，很多作物野生近缘植物所具有的高产、抗病虫、耐逆境、雄性不育、营养高效等优异基因被丢失，导致栽培作物具有较狭窄的遗传基础（乔卫华等，2020）。

2. 从国外引种导致国内畜禽地方品种快速消失

根据2010年结束的全国第二次畜禽品种资源调查结果显示，近300个地方畜禽品种的群体数量下降，占地方畜禽品种总数的一半以上。即便是群体数量尚未达到濒危程度的一些地方品种，由于定向选育，公畜数量下降，也导致品种内遗传丰富度的降低。中国畜禽品种资源消失和受威胁的现状与国际上的趋势具有一致性。

导致畜禽地方品种群体数量下降的一个主要原因是从国外引进了大量畜禽品种，外来品种的大规模引进和集约化生产，导致大量农村散养户退出畜禽养殖，地方品种生存空间变小，保护难度不断加大。目前，超过一半的地方品种数量呈下降趋势，濒危和濒临灭绝品种约占地方畜禽品种总数的18%，其中处于濒危的15个，濒临灭绝的44个，已灭绝的17个，尤以地方猪品种濒危和消失的最为严重。这种趋势将随着集约化程度的提高和大量的引种而进一步加剧（王启贵等，2019）。

3. 人工造林品种单一化导致林木遗传多样性减少

造林方式及人工林品种单一化，单一树种或单一品系大面积人工造林，种子的不合理调拨等，加重了遗传侵蚀，导致树种多样性和种内遗传多样性减少。现有人工林仅有20多个树种用于造林，其中杉木、杨树、马尾松、落叶松、桉树5个树种的人工林面积占40%以上，人工林多样性水平日趋降低，林分稳定性下降，潜在威胁林业的可持续经营。

（二）生境破坏导致遗传资源栖息地丧失

1. 作物野生近缘种生境丧失

受环境污染、滥伐森林、超限采摘、盲目开垦等人类活动影响，农业野生植物赖以生存的栖息地或者被改作他用或者被严重破坏，导致农业野生植物完全丧失或分布范围和面积大量萎缩。许多作物野生近缘植物赖以生存的环境不断遭到破坏，一些重要物种的野生群落急剧减少，有些作物野生近缘植物物种濒临灭绝。20世纪80年代在我国还分布较为广泛的36个小麦野生近缘植物种，至21世纪初其分布居群的还不到一半，广西壮族自治区1981年有野生稻分布点1 342个，21世纪初调查时仅剩325个。随着城镇化、现代化、工业化进程加速，气候变化、环境污染、外来物种入侵等因素影响，地方品种和野生近缘种生境丧失，特有种质资源消失风险加剧（乔卫华等，2020；薛达元，2005）。

2. 水利工程导致鱼类产卵场受到破坏

随着大规模经济建设的进行，栖息地环境变异。一些无序无度的取沙取石对水域生态环境造成了不可逆转的毁灭性损害，致使许多优良的鱼类产卵场、采苗场、育肥场和增养殖场功能丧失。大坝的修建使得流水环境变为静水，许多流水适应的鱼类生境缩小；同时也改变了水产生物生殖环境，破坏了许多水产生物的天然产卵场；大坝也切断了一些鱼类的洄游通道，直接影响生殖和生长，限制了种群的分布，加速了一些水生生物的灭绝进程。江湖阻隔不仅使鱼类失去繁殖场所，还切断江湖洄游鱼类生活史中肥育场和繁殖场之间的联系，也加速了湖泊的萎缩，降低了湖泊防蓄洪能力，减少了湿地面积，导致物种多样性的减少。

3. 水体污染导致大量水生生物消亡

自20世纪90年代，水体污染恶化，环境灾害频繁，对全国水生生物资源造成严重破坏，许多生物和养殖种类大面积死亡，每年全国水产养殖病害发病率高，损失率在20%左右。长江、湘江、松花江四大家鱼的产卵场、越冬场遭到严重破坏，面积逐年减少。随着城市扩大，人口过分集中和增多，生活垃圾、工业废弃物、工业废水、生活污水等陆源污染物的大量排放导致水域生态环境趋于恶化，直接导致了水产养殖的病害及渔业水域水华赤潮频繁发生，一些重要经济鱼类的产卵场、索饵育肥场和渔场也受到污染。

（三）生物遗传资源管理不善

1. 过度开发

天然水域水产生物资源利用过度，无论是海洋渔业还是内陆渔业都面临资源衰退现状。过度捕捞还导致主要经济水产生物资源严重衰退，主要渔场和鱼汛已不复存在。机动渔船广泛应用，捕捞强度大大超过了生物资源的良性再生能力。而渔业生产大量使用有害渔具、渔法，过度地捕捞产卵亲鱼和幼鱼，对内陆淡水鱼类资源也造成严重破坏。由于养殖水平逐年下降，种群

结构低龄化、小型化和低值化现象日益加剧。

2. 优异基因资源发掘滞后

优异资源和基因资源发掘利用严重滞后。种质资源表型精准鉴定、全基因组水平基因型鉴定以及新基因发掘不够，难以满足品种选育对优异新种质和新基因的需求，资源优势尚未转化为经济优势。种质资源保护与鉴定设施不完善，现有库（圃）保存容量不足、覆盖面不广，分区域、分作物表型精准鉴定基地和规模化基因发掘平台缺乏，野生资源原生境保护与监测设施亟待加强。种质资源有效交流与共享不够。

3. 保护能力不足

资源保护能力不足。部分畜禽保种场基础设施落后、群体血统不清、保种手段单一等问题突出。畜禽种质资源动态监测预警机制不健全，不能及时、准确掌握资源状况。一些地方品种资源因未采取有效保护措施，仍处于自生自灭状态。另外，资源保护支撑体系不健全，畜禽遗传资源保护政策支持力度小，专门化管理机构少，专业化人才队伍缺乏，保护理论不够系统深入，技术研发和创新能力落后，制约了畜禽遗传资源的有效保护和利用。此外，在保护农业遗传资源方面的投入也不足，信息技术和生物技术都有缺失的地方。

4. 保护意识不强

农村基层对传统农作物和畜禽品种保护意识普遍不强，对于大量传统品种的快速消失趋势，大多没有采取专门的保护措施。对农家老品种的认同感下降，追求新品种，不愿种植传统老品种。农村中大量年轻人外出务工，对农业生产和农业遗传资源不关心，基层社区农业种质资源保护与管理亟待加强。

5. 获取与惠益分享机制尚未建立

虽然中国已于2016年加入《遗传资源获取与惠益分享的名古屋议定书》，但是与议定书接轨的国内立法尚未完成，获取与惠益分享的国家制度尚未建立。由于缺少国家立法和国家制度，“事先知情同意”的遗传资源获取程序和“共同商定条件”下的公平惠益分享机制无法实施，遗传资源的流失仍在继续。

二、生物遗传资源保护政策

（一）生物多样性保护战略与行动计划

2010年9月，国务院批准实施《中国生物多样性保护战略与行动计划（2011—2030年）》（以下简称《战略与行动计划》），该《战略与行动计划》在遗传资源保护方面提出如下战略任务、优先行动和优先项目（薛达元，2011）。

1. 战略任务

《战略与行动计划》提出的8项战略任务中，至少有3项是关于生物遗传资源保护与管理的，例如：任务4提出：“农作物种质资源以迁地保护为主，畜禽种质资源以就地保护为主。加强生物遗传资源库建设。”任务5要求：“加强对生物资源的发掘、整理、检测、筛选和性状评价，筛选优良生物遗传基因。”任务6要求：“加强生物遗传资源价值评估与管理制度研究，抢救性保护和传承相关传统知识，完善传统知识保护制度，探索建立生物遗传资源及相关传统知识获取与惠益分享制度，协调生物遗传资源及相关传统知识保护、开发和利用的利益关系，确保各方利益。”

2. 优先行动

《战略与行动计划》提出的30项优先行动中，至少有7项行动是关于生物遗传资源保护和管理的，例如：

行动8：开展生物遗传资源和相关传统知识的调查编目。要求：①以边远地区和少数民族地区为重点，开展地方农作物和畜禽品种资源及野生食

用、药用动植物和菌种资源的调查和收集整理，并存入国家种质资源库。②重点调查重要林木、野生花卉、药用生物和水生生物等种质资源，进行资源收集保存、编目和数据库建设。③调查少数民族地区与生物遗传资源相关的传统知识、创新和实践，建立数据库，开展惠益共享的研究与示范。

行动10：促进和协调生物遗传资源信息化建设。

行动16：加强畜禽遗传资源保护场和保护区建设。提出：①完善已建畜禽遗传资源保种场和保护区。②新建一批畜禽遗传资源保种场和保护区，进一步加大对优良畜禽遗传资源的保护力度。③健全我国畜禽遗传资源保护体系，对畜禽遗传资源保护的有效性进行评价。

行动18：建立和完善生物遗传资源保存体系。提出：加强国家农作物种质资源中期库、长期库和备份库的建设，完善畜禽和牧草种质资源保存库；建立国家林木植物种质资源保存库和相应的种质保存圃；建成国家野生花卉种质和药用植物资源保存库；建立畜禽遗传资源细胞库和基因库；建立水产种质资源基因库；等等。

行动20：加强生物遗传资源的开发利用和创新研究。

行动21：建立生物遗传资源及相关传统知识保护、获取与惠益共享的制度和机制。

行动22：建立生物遗传资源出入境查验和检验体系。

3. 优先项目

《战略与行动计划》列出的39个优先项目中，至少有7个项目是关于生物遗传资源的保护与管理的。例如：

项目4：建立生物遗传资源获取与惠益共享制度。

项目11：少数民族地区传统知识调查与编目。

项目25：生物物种资源迁地保护体系建设。

项目26：农作物种质资源收集保存工程。

项目29：畜禽遗传资源鉴定、评价与开发利用工程。

项目30：作物种质资源鉴定、评价与开发利用工程。

项目31：珍稀濒危野生药用生物物种的引种驯化和替代品开发工程。

（二）农业遗传资源保护

农业种质资源是保障国家粮食安全与重要农产品供给的战略性资源，是农业科技原始创新与现代种业发展的物质基础。为加强农业种质资源保护与利用工作，2019年12月30日，国务院批准发布了《国务院办公厅关于加强农业种质资源保护与利用的意见》（国办发〔2019〕56号），特别强调了以下重点工作。

1. 总体要求

落实新发展理念，以农业供给侧结构性改革为主线，进一步明确农业种质资源保护的基础性、公益性定位，坚持保护优先、高效利用、政府主导、多元参与的原则，为建设现代种业强国、保障国家粮食安全、实施乡村振兴战略奠定坚实基础。力争到2035年，建成系统完整、科学高效的农业种质资源保护与利用体系，资源保存总量位居世界前列。

2. 开展系统收集保护，实现应保尽保

开展农业种质资源（主要包括作物、畜禽、水产、农业微生物种质资源）全面普查、系统调查与抢救性收集，加快查清农业种质资源家底，全面完成第三次全国农作物种质资源普查与收集行动，加大珍稀、濒危、特有资源与特色地方品种收集力度，确保资源不丧失。完善农业种质资源分类分级保护名录，开展农业种质资源中长期安全保存，新建、改扩建一批农业种质资源库（场、区、圃），加快国家作物种质长期库新库、国家海洋渔业生物种质资源库建设，启动国家畜禽基因库建设。

3. 强化鉴定评价，提高利用效率

以优势科研院所、高等院校为依托，搭建专业化、智能化资源鉴定评价与基因发掘平台，建立全国统筹、分工协作的农业种质资源鉴定评价体系。

深化重要经济性状形成机制、群体协同进化规律、基因组结构和功能多样性等研究，加快高通量鉴定、等位基因规模化发掘等技术应用。开展种质资源表型与基因型精准鉴定评价，深度发掘优异种质、优异基因，构建分子指纹图谱库，强化育种创新基础。

4. 建立健全保护体系，提升保护能力

健全国家农业种质资源保护体系，实施国家和省级两级管理，建立国家统筹、分级负责、有机衔接的保护机制。农业农村部和省级农业农村部门分别确定国家和省级农业种质资源保护单位，并相应组织开展农业种质资源登记，实行统一身份信息管理。构建全国统一的农业种质资源大数据平台，推进数字化动态监测、信息化监督管理。

5. 推进开发利用，提升种业竞争力

组织实施优异种质资源创制与应用行动，完善创新技术体系，规模化创制突破性新种质，推进良种重大科研联合攻关。鼓励农业种质资源保护单位开展资源创新和技术服务，鼓励支持地方品种申请地理标志产品保护和重要农业文化遗产，发展一批以特色地方品种开发为主的种业企业，推动资源优势转化为产业优势。

6. 完善政策支持，强化基础保障

加强对农业种质资源保护工作的政策扶持。要合理安排新建、改扩建农业种质资源库（场、区、圃）用地，科学设置畜禽种质资源疫病防控缓冲区，不得擅自、超范围将畜禽、水产保种场划入禁养区，占用农业种质资源库（场、区、圃）的，需经原设立机关批准。

7. 加强组织领导，落实管理责任

要切实督促落实省级主管部门的管理责任、市县政府的属地责任和农业种质资源保护单位的主体责任，将农业种质资源保护与利用工作纳入相关工作考核。省级以上农业农村、发展改革、科技、财政、生态环境等部门要联合制定农业种质资源保护与利用发展规划。

（三）畜禽遗传资源保护

1. 国家畜禽遗传资源目录

2020年5月29日，农业农村部发布公告，公布了经国务院批准的《国家畜禽遗传资源目录》。其中，传统畜禽12类17种；特种畜禽16类16种；共计33种。

2. 国家级畜禽遗传资源保护名录

《国家级畜禽遗传资源保护名录》（农业部公告第2061号）于2014年2月14日发布。根据《中华人民共和国畜牧法》第十二条的规定，结合第二次全国畜禽遗传资源调查结果，对《国家级畜禽遗传资源保护名录》（农业部公告第662号）进行了修订，确定159个畜禽品种为国家级畜禽遗传资源保护品种。

3. 其他政策

在畜禽种业方面，2016年6月，农业部印发《农业部关于促进现代畜禽种业发展的意见》（以下称《意见》），目的就是实现全面提升畜禽种业国际竞争力，为建设畜牧业强国奠定坚实的种业基础，从根本上保障畜产品供给安全。《意见》在畜禽种业发展顶层设计上战略引领全局，提出到2025年主要畜种核心种源自给率达到70%，国家级保护品种有效保护率达到95%以上，最终目标是到2025年，国家在畜禽种业发展上，基本建成与现代畜牧业相适应的良种繁育体系。此外，农业部还分别于2006年和2016年发布《畜禽新品种配套系审定和畜禽遗传资源鉴定办法》和《畜禽新品种配套系审定和畜禽遗传资源鉴定技术规范（试行）》等配套规章。

4. 地方政策

安徽、辽宁、黑龙江等省设立专门的畜禽遗传资源保护利用机构，浙江、安徽等5省（区、市）相继出台配套规章，山东、云南等27省（区、市）发布省级保护名录，江苏、黑龙江等14省（区、市）成立省级畜禽遗传

资源委员会，建立健全国家和地方分级保护制度。农业农村部通过组织实施种质资源保护、畜禽良种工程等项目，安徽、江苏、山东等省通过设立地方畜禽遗传资源保护专项和行业发展项目，加强资源保护条件能力建设。中央和地方政策法规体系不断完善，有力支撑了畜禽遗传资源保护与利用工作（于康震，2017）。

三、生物遗传资源保护法规

（一）农作物遗传资源保护法规

1.《中华人民共和国种子法》

最新修订的《中华人民共和国种子法》于2015年颁布，2016年1月1日起实施。在其第二章（种质资源保护）中规定：

第八条　国家依法保护种质资源，任何单位和个人不得侵占和破坏种质资源。禁止采集或者采伐国家重点保护的天然种质资源。

第九条　国家有计划地普查、收集、整理、鉴定、登记、保存、交流和利用种质资源，定期公布可供利用的种质资源目录。

第十条　省、自治区、直辖市人民政府农业、林业主管部门可以根据需要建立种质资源库、种质资源保护区、种质资源保护地。

第十一条　国家对种质资源享有主权，任何单位和个人向境外提供种质资源，或者与境外机构、个人开展合作研究利用种质资源的，应当向省、自治区、直辖市人民政府农业、林业主管部门提出申请，并提交国家共享惠益的方案。

2.《中华人民共和国野生植物保护条例》

《中华人民共和国野生植物保护条例》于1997年1月1日起实施，2017年做了修订。其中符合第二条第二款和第八条规定的由农业主管部门主管的野生植物被定义为农业野生植物，包括重要的作物野生近缘植物。农业部于1999年开始了农业野生植物保护规划，2002年启动“农业野生植物保护与可持续利用”专项，对列入《国家重点保护野生植物名录（农业部分）》的物种开展调查、收集、保护和监测，取得了一定的成效。

根据《国家重点保护野生植物名录（第一批）》（农业部分）和拟列入第二批中与农业有关的野生植物清单，在对国家历次野生植物调查资料系统梳理基础上，农业部组织编制了《国家重点保护农业野生植物要略》，介绍了72科209个物种的历史状况及其主要特征特性，出版了《国家重点保护农业野生植物图鉴》，以精美图片形式展示了61科173个物种的分类特征，制定并发布了《农业野生植物调查技术规范》。以此为基础，各省（自治区、直辖市）农业环保机构按照各物种在其辖区内的分布开展资源调查。

3. 部门行政规章

（1）农作物种质资源管理办法。农业部于2003年发布的《农作物种质资源管理办法》明确指出，国家依法保护和监督农作物种质资源及其收集、整理、鉴定、登记、保存、交流、利用和管理等活动。任何单位和个人不得侵占和破坏种质资源；国务院农业、林业行政主管部门应当建立国家种质资源库、种质资源保护区或者种质资源保护地，对植物种质资源的收集、整理、鉴定、登记、保存、交流、共享和利用等各项工作进行规范。同时，农业部还制定了国家种质库（圃）管理细则，建立了植物种质资源统一编号制度和优异种质资源评审、登记制度，建立了植物种质资源分发利用制度等，构建了较完善的植物种质资源政策法规体系，为中国植物遗传资源的有效管理和高效利用奠定了基础。

（2）进出口农作物种子（苗）管理暂行办法。1997年，农业部以第14号令发布《进出口农作物种子（苗）管理暂行办法》（以下简称《办法》），该《办法》第四条规定：向国（境）外提供种质资源，按照作物种质资源分类目录管理。属于“有条件对外交换的”和“可以对外交换的”种

质资源由省级农业行政主管部门审核，送交中国农业科学院作物品种资源研究所（以下简称品资所），品资所征得农业部同意后办理审批手续；属于“不能对外交换的”和未进行国家统一编号的种质资源不准向国（境）外提供，特殊情况需要提供的，由品资所审核，报农业部审批。引进种质资源的单位和个人，应当向品资所登记，并附适量种子供保存和利用。

（二）畜禽遗传资源保护立法

1.《中华人民共和国畜牧法》

《中华人民共和国畜牧法》（以下简称《畜牧法》）于2006年7月1日开始实施。《畜牧法》首次从法律层面，对我国畜禽品种和遗传种质资源相关工作进行全面规定，主要有两大方面内容：

一是明确依法开展畜禽遗传资源保护利用。《畜牧法》规定国家应制定畜禽遗传资源保护制度和措施，组织和开展畜禽遗传资源调查研究，撰写并公开国家畜禽遗传资源状况报告，对外公示经国务院批准的畜禽遗传资源目录，研究发布全国畜禽遗传资源保护和利用规划，等级确定国家级畜禽遗传资源保护名录，建立完善畜禽遗传资源保种场、保护区和基因库，商定并分配畜禽遗传资源保护任务。

二是明确依法实施种畜禽品种选育与生产经营。《畜牧法》规定，国家积极支持畜禽品种的选育，推广优良品种使用，制定发布畜禽新品种、配套系的审定办法和畜禽遗传资源的鉴定办法，不断完善健全畜禽良种繁育体系，实施种畜禽优良个体登记和推介优良种畜禽工作。国家鼓励畜禽养殖者开展对进口畜禽新品种、配套系的选育培育，增大品种的有效选择范围。

2.《中华人民共和国畜禽遗传资源进出境和对外合作研究利用审批办法》

国务院于2008年8月28日发布《中华人民共和国畜禽遗传资源进出境和对外合作研究利用审批办法》（以下简称《审批办法》），自2008年10月1日起施行。该《审批办法》的主要内容为：

第三条　本办法所称畜禽，是指列入依照《中华人民共和国畜牧法》第十一条规定公布的畜禽遗传资源目录的畜禽。本办法所称畜禽遗传资源，是指畜禽及其卵子（蛋）、胚胎、精液、基因物质等遗传材料。

第六条　向境外输出列入畜禽遗传资源保护名录的畜禽遗传资源，应当具备下列条件：（一）用途明确；（二）符合畜禽遗传资源保护和利用规划；（三）不对境内畜牧业生产和畜禽产品出口构成威胁；（四）国家共享惠益方案合理。

第七条　拟向境外输出列入畜禽遗传资源保护名录的畜禽遗传资源的单位，应当向其所在地的省、自治区、直辖市人民政府畜牧兽医行政主管部门提出申请，并提交下列资料：（一）畜禽遗传资源买卖合同或者赠予协议；（二）与境外进口方签订的国家共享惠益方案。

第十条　禁止向境外输出或者在境内与境外机构、个人合作研究利用我国特有的、新发现未经鉴定的畜禽遗传资源以及国务院畜牧兽医行政主管部门禁止出口的其他畜禽遗传资源。

3.《种畜禽管理条例》

1994年4月15日国务院以第153号令发布，2011年修订的《种畜禽管理条例》，其主要内容有：

第二条　本条例所称种畜禽，是指种用的家畜家禽，包括家养的猪、牛、羊、马、驴、驼、兔、犬、鸡、鸭、鹅、鸽、鹌鹑等及其卵、精液、胚胎等遗传材料。

第六条　国家对畜禽品种资源实行分级保护。保护名录和具体办法由国务院畜牧行政主管部门制定。

第七条　国务院畜牧行政主管部门和省、自治区、直辖市人民政府有计划地建立畜禽品种资源保护区（场）、基因库和测定站，对有利用价值的濒危畜禽品种实行特别保护。

第八条　县级以上人民政府对畜禽品种资源的普查、鉴定、保护、培育

和利用，给予扶持。

第九条　从国外引进或者向国外输出种畜禽的，依照国家有关规定办理。

第十二条　跨省、自治区、直辖市的畜禽品种的认可与新品种的鉴定命名，必须经国家畜禽品种审定委员会或者其委托的省级畜禽品种审定委员会评审后，报国务院畜牧行政主管部门批准。省、自治区、直辖市内地方畜禽品种的认可与新品种的鉴定命名，必须经省级畜禽品种审定委员会评审后，由省、自治区、直辖市人民政府畜牧行政主管部门批准，并报国务院畜牧行政主管部门备案。

4. 其他相关法规

为深入贯彻落实《畜牧法》，健全畜禽遗传资源保护和利用政策法规体系，还制定了《畜禽新品种配套系审定和畜禽遗传资源鉴定技术规范（试行）》等配套法规，修订《国家级畜禽遗传资源保护名录》，国家级保护品种从138个增加到159个。浙江等5省（区）相继出台了配套规章，27个省（区、市）发布了省级保护名录。农业部组织实施种质资源保护、畜禽良种工程等项目，支持地方畜禽遗传资源保护和利用。“十二五”期间，国家级畜禽遗传资源保种场、保护区、基因库数量由119个增加至187个。纳入国家和省级保护名录的畜禽品种达到419个，占地方品种总数的 76%，其中国家级保护品种有159个。此外，农业部还于2017年3月发布《关于贯彻实施〈野生动物保护法〉加强水生野生动物保护管理工作的通知》，对实施2016年修订的《野生动物保护法》有关水生野生动物保护提出要求。

（三）水产种质资源保护法规

农业部《水产种质资源保护区管理暂行办法》（以下简称《办法》）自2011年3月1日起施行。按照该《办法》，省级以上渔业行政主管部门应依法参与涉及保护区建设项目的环境影响评估。水产种质资源保护区是指为保护水产种质资源及其生存环境，在具有较高经济价值和遗传育种价值的水产种质资源的主要生长繁育区域，依法划定并予以特殊保护和管理的水域、滩涂及其毗邻的岛礁、陆域。

针对工程建设等人类活动大量占用、破坏重要水生生物栖息地和传统渔业水域，严重影响渔业可持续发展和国家生态文明建设的严峻形势，农业部在大力组织开展增殖放流、休渔禁渔等水生生物资源养护措施的同时，根据渔业法等法律、法规和国务院《中国水生生物资源养护行动纲要》要求，自2007年起，积极推进建立水产种质资源保护区，这些保护区保护了上百种国家重点保护渔业资源及其产卵场、索饵场、越冬场、洄游通道等关键栖息场所，初步构建了覆盖各海区和内陆主要江河湖泊的水产种质资源保护区网络。

《办法》明确了水产种质资源保护区的设立条件、报批程序、主管部门、管理机构和主要职责，规定了保护区内禁止或限制从事的活动，进一步完善了涉及水产种质资源保护区的工程建设项目环境影响评价程序。

按照该《办法》，在水产种质资源保护区内从事修建水利工程、疏浚航道、建闸筑坝、勘探和开采矿产资源、港口建设等工程建设的，或在保护区外从事可能损害保护区功能的工程建设活动的，应按照国家有关规定编制建设项目对保护区的影响专题论证报告，并将其纳入环境影响评价报告书。

四、生物遗传资源保护规划

（一）农作物遗传资源保护规划

2015年农业部、国家发展改革委、科技部联合发布了《全国农作物种质资源保护与利用中长期发展规划（2015—2030年）》（以下简称《规划》）。该《规划》设置了“加强农作物种质的收集保存”“强化农作物种

质资源的深度发掘”“深化农作物种质资源的基础研究”与“加强农作物种质资源保护与管理”四项任务，以及“国家农作物种质资源保护体系”“国家农作物种质资源精准鉴定评价体系”和“国家农作物种质资源共享利用体系”三个体系。并具体落实为“第三次全国农作物种质资源普查与收集行动”“农作物种质资源引进与交换行动”“农作物种质资源保护与监测行动”“农作物种质资源精准鉴定与评价行动”和“优异种质资源创制与应用行动”五个行动。该《规划》是首次以政府文件指导作物种质资源工作，也充分体现了国家对种质资源战略地位的高度重视。《规划》提出以下目标：

（1）珍稀、野生资源得到有效收集和保护，优异资源得到有效引进，资源保存总量大幅提升，结构优化。到2020年，新增种质资源7万份，保存总量达55万份，其中国家长期保存50万份，引进资源比例提高到25%；到2030年，再新增种质资源23万份，保存总量达78万份，其中国家长期保存70万份，引进资源比例提高到30%。

（2）攻克一批种质资源保护与利用的关键技术，发掘一批有重要育种价值的新基因，创制一批突破性的新种质。到2020年，完成5万份种质资源的重要性状表型精准鉴定、全基因组水平基因型鉴定及关联分析，发掘和创制500份有重要育种价值的新种质。到2030年，再完成10万份种质资源的重要性状表型精准鉴定、全基因组水平基因型鉴定及关联分析，再发掘和创制1 000份有重要育种价值的新种质，为新品种培育奠定坚实的物质基础。

（3）构建由种质保存库（圃）、原生境保护点、鉴定评价（分）中心、信息网络平台组成的全国农作物种质资源保护、鉴定评价和共享利用体系。到2020年，基本完成种质资源保存库（圃）和鉴定评价（分）中心认定与完善；到2030年，基本完成原生境保护点、监测预警中心（站）及国家种质资源数据库、信息查询、展示分发体系完善与补充建设。

（二）畜禽遗传资源保护规划

农业部于2006年发布《全国畜禽遗传资源保护和利用规划》。2016 年发布《全国畜禽遗传资源保护和利用“十三五” 规划》，提出主要畜种保护重点与利用方向如下。

1. 猪

重点保护42个国家级保护品种，以活体保护为主，提升完善现有国家级保种场，探索建设区域性活体基因库，主要保护繁殖性能、肉品质、抗逆性等种质特性。利用方向是，采用杂交选育与本地品种选育相结合，开展有针对性的杂交利用和新品种、新品系和配套系培育。

2. 牛

重点保护21个国家级保护品种，以活体保护和遗传物质保存相结合，加强基因库建设，黄牛主要保护肉品质，水牛主要保护抗病力，牦牛主要保护抗逆性等种质特性。黄牛利用方向是，有序开展杂交改良，提高肉用生产性能；选择本品种选育基础较好的群体，探索培育新品种。水牛利用方向是，在加强本品种选育的基础上，有计划地引入河流型水牛进行杂交改良，提高乳用性能。牦牛利用方向是，加强本品种选育，通过杂交改良，提高生产性能。

3. 羊

重点保护27个国家级保护品种，以活体保护为主，兼顾遗传物质保存，试点建设国家级区域性活体基因库，主要保护繁殖性能、肉品质、抗逆性等种质特性。利用方向是，积极开展本品种选育和杂交改良，加快培育适应市场需求的新品种。

4. 家禽

重点保护49个国家级保护品种，以保种场和活体基因库为主，探索建设国家级区域性活体基因库。鸡主要保护肉蛋品质，鸭、鹅主要保护抗逆性、

肉品质等特征特性。利用方向是，强化地方品种的本品种选育，积极培育特色配套系。

5. 其他

重点保护20个国家级保护品种。蜜蜂以保护区保护为主，兼顾基因库保护；兔、马、驴、骆驼、鹿等以活体保护为主，主要保护产品品质、抗逆性等特色种质特性。

（三）林业遗传资源保护规划

国家林业局于2015年发布《中国林业遗传资源保护与可持续利用行动计划（2015—2025年）》。提出的相关优先行动如下。

行动7：加强林业遗传资源异地保存

（1）建立健全林业遗传资源异地保存库体系，加强现有异地保存基因库的维护，加强具有重要价值的遗传资源试验基地建设。

（2）建立完善林业遗传资源设施保存库体系，加强超低温保存、超干燥保存等现代保存技术的应用，系统收集重点树种、野生动植物、微生物的遗传材料（种子、细胞、DNA等）进行长期分类保存。

行动9：开展林业遗传资源评价

（1）开展中国特有、珍稀、濒危、新发现和重要物种遗传变异和多样性分析，评价遗传多样性状况，为保护与开发利用提供科学依据。

（2）广泛开展乡土树种林业遗传资源评价，挖掘其潜在利用价值，推动乡土树种遗传资源保护与利用。

（3）加强林业遗传资源分析评价技术研究，对已收集保存的林业遗传资源进行评价，挖掘其潜在利用价值，提高遗传资源保护与利用效率。

行动11：强化良种利用

（1）加强林木良种选育研究，建立和完善优异种质创新、新品种选育和规模化繁育体系，高效、有序地开展林木良种选育推广工作，提高造林良种供应率与使用率。

（2）加大执法力度，加强对种苗生产、流通的监管，强化林木种苗质量控制。

（3）提高林木种苗的生产经营水平，建立种子储备制度和应急机制。

行动14：研究建立林业遗传资源获取与惠益分享制度

（1）开展林业遗传资源及相关传统知识获取和惠益分享试点。

（2）研究制定遗传资源获取国际公认证书、获取和惠益分享示范合同文本。

（3）建立林业遗传资源及相关传统知识获取和惠益分享制度。

（四）花卉产业发展规划

国家林业局于2013年初发布《全国花卉产业发展规划（2011—2020年）》（以下简称《规划》）。该《规划》提出我国花卉产业的建设重点：①主要花卉种质资源保存。建设国家花卉种质资源库90个，到2015年建立40个，2016—2020年建立50个。建设国家花卉种质资源数据库，动态监测我国花卉种质资源消长情况，定期更新及提供可供利用的花卉种质资源信息。②花卉新品种新技术研发。开发培育具有自主知识产权和市场竞争力的花卉新品种350个，到2015年培育150个，2016—2020年培育200个。加快特色花卉关键技术、花卉高新技术研发步伐，降低对国外品种、技术的依赖程度。

《规划》还提出全国花卉生产布局如下。

（1）华北花卉产业区。重点发展牡丹、芍药等特色花卉，红掌、蝴蝶兰、竹芋等高档盆花；鼓励发展国槐、刺槐、月季等绿化观赏苗木和观赏蕨类植物，菊花、百合、彩色马蹄莲等出口型切花，辛夷、山茱萸、玫瑰、金银花等食用、药用与工业用花卉；因地制宜发展麦秆菊、补血草、万寿菊等花卉种子。

（2）东北花卉产业区。重点发展君子兰等特色盆花，唐菖蒲、百合、

彩色马蹄莲等花卉种球和切花；鼓励发展万寿菊等工业用花卉；因地制宜开发利用宿根性野生花卉资源。

（3）华东花卉产业区。重点发展香樟、桂花、茶花、玉兰、龙柏、樱花、红花檵木等绿化观赏苗木，国兰、热带兰、凤梨等高档盆花；鼓励发展石蒜、香石竹等花卉种球种苗；因地制宜发展五针松、罗汉松、杜鹃等盆景和造型苗木，百合、香石竹、非洲菊、杨桐等切花切枝，金边瑞香、观赏竹和蕨类等特色植物，铁皮石斛、杭白菊、玫瑰等食用、药用和工业用花卉。

（4）华南花卉产业区。重点发展天南星科、竹芋科、龙舌兰科等观叶植物，国兰等高档盆花，棕榈科等热带亚热带绿化观赏苗木，小叶榕、异叶南洋杉、苏铁等出口盆景；鼓励发展热带兰花，散尾葵、富贵竹等切叶切枝；因地制宜发展水仙花和观赏蕨类植物。

（5）西南花卉产业区。重点发展月季、香石竹、百合等鲜切花，银杏、桂花等绿化观赏苗木；鼓励发展花卉种子（种苗、种球）；因地制宜开发利用杜鹃花、茶花和国兰等野生花卉资源。

（6）西北花卉产业。重点发展百合、大丽花、三色堇等花卉种子（种苗、种球）；鼓励发展唐菖蒲、百合等切花；因地制宜发展红瑞木、丁香、榆叶梅等绿化苗木，玫瑰、薰衣草等食用、药用与工业用花卉。

（7）青藏高原花卉产业区。重点发展百合、唐菖蒲、郁金香等种球和切花，高山杜鹃、报春花和龙胆花等高山花卉；鼓励发展虎头兰、绣球花、大百合花等盆花；因地制宜发展雪莲花等药用花卉。

第五章

中国生物遗传资源的保护成效

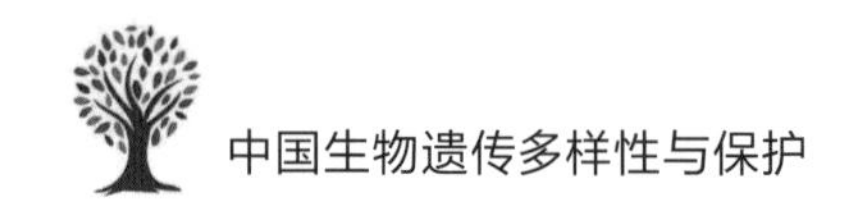

一、生物遗传资源调查与评估

（一）农作物遗传资源调查与监测

1. 农作物遗传资源早期普查与重点调查

我国分别于1956—1957年和1979—1983年对农作物种质资源进行了两次大规模普查。在以后的30年中，针对重点领域和重点地区进行了多次小规模的调查和收集工作。据初步统计，全国已开展了191个农业野生植物物种的调查，其中发现了80个作物野生近缘植物物种的8 643个居群。该项调查不仅获得了大量的野生植物生境数据，还发现了一些具有重大利用价值的种质资源。例如，首次在福建发现了野生柑橘的分布点，对于柑橘类物种的起源进化研究具有十分重要的参考价值；在河南发现了近30年未在野外观察到的葛枣猕猴桃、叉唇无喙兰等珍稀物种，为制定野生植物保护名录及保护规划奠定了坚实的基础；在广西贺州和来宾分别发现2个和1个野生白牛茶居群，丰富了广西野生茶树资源的种类和分布信息；在陕西省新发现的太白山鸟巢兰、肾唇虾脊兰、裂唇虎舌兰等分布点，填补了陕西特有兰科植物物种分布的空白等。

2. 第三次全国农作物遗传资源普查与收集

自第二次全国农作物遗传资源普查与收集以来已有30多年，这期间全国各地气候、自然环境、种植业结构和土地用途发生了很大变化，农作物种质资源的分布和消长也发生了很大变化。为此，从2015年开始，农业部会同有关部门共同组织开展了全国农作物种质资源第三次普查与收集，形式是以地方参与，以国家级专业科研院所为技术依托，组织全国相关单位，以县级行政区划为单位进行全面普查、系统调查与收集。实施时间为2015—2020年。项目目标是，通过调查和评估，进一步查清我国农作物种质资源家底，明确

不同农作物种质资源的多样性和演化特征，预测今后农作物种质资源的变化趋势，提出农作物种质资源保护与持续利用策略，收集种质资源10万份，入库保存7万份。

2019年在石家庄召开“第三次全国农作物种质资源普查与收集行动”工作会议，会议总结了该调查项目自2015年实施以来，已在12省（区、市）830个县开展了全面普查和175个县的系统调查，抢救性收集各类作物种质资源4.2万份，其中85%是新发现的古老地方品种等种质资源。通过系统调查，初步发掘出一批具有优质、抗病、抗逆等性状的优异资源，例如，四川米易县傈僳族历代种植的“梯田红米”，陕西石泉发现的抗病性极强的“石泉阳荷姜”，广西龙胜县流传千年的“地灵红糯”等，这些具有地域特色和开发利用价值的优异资源，在助力乡村振兴与产业扶贫等方面发挥了重要作用，有效丰富了我国种质资源战略储备（http://finance.china.com.cn/roll/20190326/4933458.shtml）。

由于2019年底突如其来的新冠肺炎流行疫病在全国和全球蔓延，第三次全国农业种质资源普查与收集工作受到重大影响。为重启这项普查，2021年3月，农业农村部正式印发《关于开展全国农业种质资源普查的通知》及《全国农业种质资源普查总体方案（2021—2023年）》，决定在全国范围内开展农作物、畜禽、水产种质资源普查。2021—2023年，用3年时间全面完成第三次全国农作物种质资源普查与收集行动，实现对全国2 323个农业县（市、区）的全覆盖（http://www.gov.cn/xinwen/2021-03/25/content_5595467.htm）。

3. 农业野生植物资源调查与收集

农业部于1999年开始了农业野生植物保护规划，2002年启动“农业野生植物保护与可持续利用”专项，对列入《国家重点保护野生植物名录（农业部分）》的植物种类开展调查、收集、保护和监测。据初步统计，全国已开展了191个农业野生植物物种的调查，发现80个作物野生近缘植物物种的

8 643个居群，其中一些具有重大利用价值。

对全国重点作物野生近缘植物的调查也取得进展，至2020年已完成了野生稻3个物种、野生大豆2个物种、小麦野生近缘植物11个物种、水生蔬菜植物8个物种、野生茶树7个物种、野生果树（含野生柑橘）7个物种、野生麻类26个物种以及冬虫夏草、蒙古口蘑、发菜等67个物种的全国调查，共采集4 914个居群的44 737份作物野生近缘植物资源（乔卫华等，2020）。

4. 农作物遗传资源评估

农作物种质资源的评估与监测是种质资源工作的基本任务，是体现种质资源战略性的关键环节。在调查的基础上，需要对新收集资源进行入库（圃）保存、性状评估，并对现存资源进行适时监测。在调查与评估的基础上，提出了粮食和农业植物种质资源概念范畴和层次结构理论，首次明确中国有9 631个粮食和农业植物物种，其中栽培及野生近缘植物物种3 269个（隶属和涉及528种农作物），阐明了528种农作物栽培历史、利用现状和发展前景，查清了中国农作物种质资源本底的物种多样性。提出了中国农作物种质资源分布与不同作物的起源地、种植历史、热量和水分资源以及地理环境条件密切相关，明确了中国110种农作物种质资源的分布规律和富集程度。系统研制了366个针对120类农作物的种质资源描述规范、数据规范和数据质量控制规范，创建了农作物种质资源分类、编目和描述技术规范体系，使农作物种质资源工作基本实现了标准化、规范化和全程质量控制，对中国以及世界农作物种质资源的深入研究、科学管理与共享利用具有重大意义（刘旭等，2018）。

5. 农作物种质资源性状鉴定与监测

要根据农作物种质资源保护技术规范，对新收集的种质资源进行基本农艺性状鉴定、信息采集、编目入库（圃）、长期保存；研究高存活率和遗传稳定的茎尖、休眠芽、花粉等外植体超低温和DNA保存关键技术，以及快速、无损的活力监测和预警技术；依据作物种质类型、保存年限和批次，每

年随机抽取5%的保存种质样品，监测种质保存库（圃）和原生境保护点种质资源的活力与遗传完整性，并及时更新与复壮。

通过计划实施，完成26万份新收集种质资源的整理编目与繁殖入库（圃）长期保存。其中，2015—2020年完成6万份，2021—2030年计划完成20万份，实现50%无性繁殖和多年生作物种质资源的超低温、试管苗及DNA复份安全保存，确保长期保存种质的活力和遗传完整性。评估和监测计划由农业农村部牵头，由国家种质库（圃）、原生境保护点及地方相关单位共同实施。实施时间为2015—2030年。

（二）畜禽遗传资源调查

根据《中华人民共和国畜牧法》规定，2007年国家首次成立了国家畜禽遗传资源委员会，分设猪、羊、家禽、牛马驼、蜜蜂和其他畜禽等6个专业委员会。第一届畜禽遗传资源委员会先后完成全国性的畜禽遗传资源调查，《中国畜禽遗传资源志》的编写，开展畜禽遗传资源鉴定和新品种配套系审定，实施畜禽遗传资源进出口技术评审及资源保护的技术培训和咨询等工作。其中，开创性地完成国内畜禽遗传资源大范围普查，其意义特别重大。

全国畜禽遗传资源调查于2004年试点，2006年在全国范围内正式启动，2007年全面推进实施，调查范围覆盖全国31个省（区、市）。联合科研院所和地方高校参与，调查内容广泛，包括产区及分布、体型外貌描述、群体数量及变化、生产性能、品种繁育及评估等信息，为种质资源保护和利用奠定了坚实的基础。在此基础上，2012年《中国畜禽遗传资源志》正式出版，是由国家畜禽遗传资源委员会组织全国畜牧行业权威育种专家历经4年编撰而成。数据表明，截至2016年我国已发现地方畜禽品种545个，是世界上畜禽遗传资源最为丰富的国家之一。

2021年3月，农业农村部已决定在开展全国农作物种质资源普查的同时，启动并完成第三次全国畜禽遗传资源普查，实现对全国所有行政村的全覆盖；启动并完成第一次全国水产养殖种质资源普查，实现对全国所有养殖场（户）主要养殖种类的全覆盖。这次普查工作将历时3年（2021—2023年）。要求通过此次普查，摸清资源家底，有效收集和保护珍稀濒危资源，实现应收尽收、应保尽保（http://www.gov.cn/xinwen/2021-03/25/content_5595467.htm）。

（三）花卉遗传资源调查

中国是观赏植物资源大国，坐拥巨大的基因宝库，如多季开花的中国古老月季、色彩丰富的落叶杜鹃等，都为世界园林贡献了优质的基因，许多享誉全球的现代花卉作物中都能找到中国野生花卉的影子。近十年我国花卉种质资源研究迅猛发展。2011年出版专业系列书籍《中国观赏植物种质资源》；2012年出版特色教材《观赏植物种质资源学》；2012年中国园艺学会观赏园艺专业委员会组织了观赏植物种质资源领域的首次国际专题学术研讨会议——国际观赏植物种质资源学术研讨会。

2004—2010年，环境保护部牵头的“中国重点观赏植物种质资源调查”专项完成了对重点地区（如西南地区）的重点花卉（如兰花、菊花、百合、山茶、杜鹃、木兰、蔷薇、牡丹、芍药、蜡梅、报春花、毛茛科等）资源调查。2016年农业部牵头的“国家重点保护野生花卉人工驯化繁殖及栽培技术研究与示范”行业科技专项完成了兰科、百合属和牡丹组的许多物种驯化繁殖及栽培研究（赵鑫等，2020）。

（四）全国中药资源普查

中药资源是中医药产业发展的物质基础，国家高度重视中药资源保护和可持续利用工作。20世纪60、70、80年代，开展3次全国范围的中药资源普查。据1985—1989年全国中医药普查统计，全国有药用植物385科2 312属11 113种（包括9 905种和1 208个种以下单位），含藻类、菌类、地衣、苔

藓、蕨类、裸子植物和被子植物，其中被子植物占总种数的90%以上（薛达元，2005）。中医药资源普查还包括动物药材资源和矿物药材资源的普查。

随着世界各地对中医药医疗保健服务需求的不断增加及中医药相关产业的蓬勃发展，中药资源需求量不断增加，中药资源状况发生了巨大变化。2011—2020年，国家中医药管理局组织开展了第四次全国中药资源普查，对全国近2 800个县级行政区划单位开展中药资源调查，获取了200多万条调查记录，汇总了1.3万多种中药资源的种类和分布等信息，总记录数2 000万条，基于100多万个样方的调查,发现新物种79种，其中60%以上的物种具有潜在的药用价值。此次调查组建了5万余人的中药资源调查队伍；构建了由1个中心平台，28个省级中药原料质量监测技术服务中心和66个县级监测站组成的中药资源动态监测体系，建设了28个中药材种子种苗繁育基地和2个中药材种质资源库，形成了中药资源保护和可持续利用的长效机制。

2020年1月2日，Nature发表专题报道，详细介绍了在中国政府领导下的第四次全国中药资源普查取得的重要成果及其对促进中药资源可持续利用和国民经济发展的重要贡献（https://www.thepaper.cn/newsDetail_forward_5478098）。

二、生物遗传资源就地保护

（一）农业遗传资源原生境保护

原生境保护是作物野生近缘植物保护的重要手段之一，主要通过物理隔离和农民参与等方式在自然条件下对其栖息地及周边环境进行保护，其关键作用是维持作物野生近缘植物在自然界的进化潜力。为履行农业部分的野生植物保护职责，有效保护珍稀、濒危且有重要利用价值的作物野生近缘植物，农业部从2002年起开展包括作物野生近缘植物在内的农业野生植物原生境保护点建设，妥善保护了一批濒临灭绝的作物野生近缘植物，成绩显著。

1. 实施方案和标准

保护区（点）的设置主要参考《自然保护区工程项目建设标准（建标195—2018）》，将其分为核心区（隔离区）与缓冲区，一般根据保护区内被保护物种的分布情况划分。核心区面积应涵盖保护区内被保护物种90%以上的遗传多样性，缓冲区设置在核心区的外围，属于核心区的缓冲地带且对核心区起保护作用，其范围的划定依据被保护物种的授粉习性而定，一般的自花授粉植物的缓冲区宽度为30m以上，异花授粉植物为100m以上。隔离设施的建设标准要达到能有效阻止人、畜、禽进入，隔离设施以围栏为主，采用铁丝网围建；必要时辅以砖或水泥围墙。缓冲区周边宜就地取材建成简易隔离设施，如竹、木篱笆，或种植带刺的木本植物，起到隔离作用。

2. 原生境保护点建设

至2018年底，共建设原生境保护点205个。保护物种主要包括粮油类的野生稻、野生大豆、小麦野生近缘植物等，果树类的野生苹果、河北梨、野生柑橘、野生猕猴桃等以及经济作物类的野生莲、野生茶、野生莼菜等具有重要开发利用价值的野生植物等39个。其中，建成的野生大豆原生境保护点最多，达到50个，其他达到10个以上保护点的物种分别有普通野生稻、野生猕猴桃和野生菱。这些保护点分布于28个省（区、市），其中保护点数量最多的5个省份分别是河北、河南、安徽、湖南、湖北，共有99个保护点，占已投资项目总数的48.3%。保护物种主要包括野生大豆、普通野生稻、小麦野生近缘植物、野生柑橘、野生茶、野生猕猴桃等粮油类作物野生近缘植物及具有重要开发利用价值的野生蔬菜、果树、花卉、茶树、药用植物等39个（杨庆文等，2013）。

3. 原生境保护点的管理

作物遗传资源原生境保护的管理方式，主要有遗传资源原生境所在地方农民参与原生境保护点的管理和建设。针对云南少数民族众多，农家保护的

作物地方品种及其相关传统知识极其丰富的现状，国际植物遗传资源研究所与云南省农业科学院合作，先后研究了云南陆稻地方品种、农民大田种植作物、农民庭院及周围种植的观赏、园艺等作物地方品种的多样性，以及农民保护地方品种及其传统知识的经验和做法，提出了开展农民参与式地方品种保护与可持续利用的建议，成功地保护了野生稻、野生大豆和小麦野生近缘植物的8个重要居群，并推广应用于15省的64个作物野生近缘植物居群（郑晓明，杨庆文，2021）。

（二）畜禽遗传资源活体保护

1. 原生境保护方式

原生境保护又称活体保护，是畜禽遗传资源保种中最为传统和最有效的方法。我国政府每年拨专项经费用于全国畜禽遗传资源的原生境保护工作，在各畜种产区建立了若干选育场，同时划定了保护区域以保证保存效果。原生境保护有自然保护区、原种场、保种场和原生境保护点几种方式，家养动物的原生境保护是通过在资源品种原产地建立保种场和保护区的方式进行活体保存，原生境保护操作比较简便，且实用。原生境保护与异地保护相结合、活体保护和遗传材料保存互为补充的地方畜禽遗传资源保护体系，将显著提高畜禽遗传资源的保护能力，确保畜禽遗传资源的安全。

2. 原生境保护点（场）建设

近20年来我国先后建立了165个国家级畜禽资源保护场（如保护了太湖猪、辽宁绒山羊和狮头鹅等），24个国家级畜禽遗传资源保护区（如保护了荣昌猪、蒙古绒山羊和渤海黑牛等），65个种公畜站、1 209个原良种场，分布在全国31个省（市、区），已基本形成了以保种场和原种场为核心的保种体系。累计保护地方品种249个，其中抢救性保护了大蒲莲猪、萧山鸡、温岭高峰牛、金阳丝毛鸡、浦东白猪、海仔水牛等 39 个濒临灭绝的地方品种（表5）。各地方还建立了458个省级畜禽遗传资源保种场、保护区，以及与基因库相配套的畜禽遗传资源保护基础设施体系，地方保护设施与国家级畜禽遗传资源保护体系一起，形成全国畜禽遗传资源保护网络体系（王启贵等，2019；于康震，2017）。

表 5　通过抢救性原生境保护措施成功保护的畜禽品种

畜种	数量	品种名称
猪	19	马身猪、大蒲莲猪、河套大耳猪、汉江黑猪、两广小花猪（墩头猪）、粤东黑猪、隆林猪、德保猪、明光小耳猪、湘西黑猪、仙居花猪、莆田猪、嵊州市花猪、玉江猪、滨湖黑猪、确山黑猪、安庆六白猪、浦东白猪、沙乌头猪
家禽	6	金阳丝毛鸡、边鸡、浦东鸡、萧山鸡、雁鹅、百子鹅
牛	5	复州牛、温岭高峰牛、阿勒泰白头牛、海仔水牛、大额牛（独龙牛）
羊	4	兰州大尾羊、汉中绵羊、岷县黑裘皮羊、承德无角山羊
其他	5	鄂伦春马、晋江马、宁强马、敖鲁古雅驯鹿、新疆黑蜂

3. 原生境保护点空缺

根据《中国生物多样性国情研究》（高吉喜等，2018），全国已建立数百个畜禽原生境保护区或保种场，但是具体畜禽之间有较大差异，尚存在许多空缺。

（1）猪。已建立猪遗传资源保种场79个，划定保护区37个，42个猪品种被列入国家级畜禽遗传资源保护名录并实施重点保护，但尚未建立保种措施的还有13个地方品种。

（2）牛。已建立牛种质资源保种场28个（其中国家级保种场11个），国家级家畜基因库1个，划定保护区15个（其中国家级保护区2个），21个牛

品种被列入国家级畜禽遗传资源保护名录，尚有61个牛品种没有保护措施。

（3）羊。已建立羊种质资源保种场43个（其中国家级保种场13个），国家级家畜基因库1个，划定保护区29个（其中国家级保护区3个），27个羊品种被列入国家级畜禽种质资源保护名录，尚有42个羊品种未采取保护措施。

（4）家禽。已建立各级家禽种质资源保种场125个（其中国家级保种场25个），国家级地方鸡种基因库2个，国家级水禽基因库2个。已有28个鸡品种、10个鸭品种和11个鹅品种被列入国家级重点畜禽种质资源保护名录，抢救性保护了萧山鸡、鹿苑鸡、安义瓦灰鸡、太湖鹅等一批濒危品种。目前尚有部分家禽品种，包括7个鸡品种、7个鸭品种和7个鹅品种尚未采取保种措施。

（5）蜜蜂。已建立蜜蜂基因库1个，保种场3个，保护区1个，抢救并有效保护了一批濒危的珍贵蜜蜂种质资源。3个蜜蜂品种已被列入国家级畜禽遗传资源保护名录。

（6）其他。6个马品种、5个驴品种、1个骆驼品种、2个鹿品种、2个兔品种已被列入国家级畜禽遗传资源保护名录。

（三）林木种质资源就地保护

我国栽培利用的主要造林树种有300多种，包括杉木、马尾松、油松、云南松、火炬松、湿地松、杨树（属）、柳树（属）、落叶松（属）、白桦、刺槐、榆树、楸树、泡桐（属）、板栗、核桃、毛竹、沙棘等乔灌木及竹类。对上述具有重要经济价值和优良性状的栽培树种，通过建立采种基地、良种基地（母树林、种子园、采穗圃、试验示范林）等提供优良种苗和繁殖材料，进行生产利用。

截至2014年，建成22个多树种遗传资源综合保存库，13个单树种遗传资源专项保存库，226个国家级林木良种基地，保存树种2 000多种，覆盖全国大多数省份，涵盖目前利用的主要造林树种遗传资源的60%。已建立良种基地共58.52万hm^2，其中，种子园4.88万hm^2，采穗圃1.82万hm^2，各种试验示范林22.21万hm^2，母树林29.60万hm^2；建立采种基地共27.28万hm^2；建立的各种苗圃面积达78.6万hm^2，其中樟子松和兴安落叶松种子园面积较大。早期建立的初级种子园大部分已改建为1.5代种子园，有的经过子代选优重建了第2代种子园，如马尾松等。福建等地已建立了或正在着手建立杉木的第3代种子园。2001—2013年，中国平均每年采收林木种子总量2 351万kg，采穗圃和无性系繁殖圃每年平均生产穗条分别为6.35亿根和12亿根，各类良种壮苗135亿株。主要应用于短周期速生丰产工业林、经济林、造纸原料林、特用林以及其他工程造林项目。用材林良种平均生长增益达10%以上，经济林良种平均产量增益达15%以上（李斌等，2014）。

（四）水产种质资源就地保护

1. 水产种质资源就地保护和种质保护体系

据农业部国家级水产种质资源保护区公告，截至2018年，已在全国29个省（市、区）的濒危水生物种的产卵场、索饵场、越冬场、洄游通道等区域建成535处国家级水产种质资源保护区，保护物种400多种。包含鱼类320余种、哺乳动物1种、爬行动物6种、两栖动物11种、软体动物32种、甲壳动物11种、棘皮动物2类、环节动物1种、刺胞动物3种、螠虫动物1种和水生植物14种（盛强等，2019）。在水产种质资源保护设施方面，建成 31个遗传育种中心、84家国家级水产原良种场、820家地方级水产原良种场和35家遗传资源保存分中心，形成了水生生物非原生境保护的体系架构（郑晓明，杨庆文，2021）。

2. 水产种质资源保护区主要水域类型

国家级水产种质资源保护区总面积达1 559.52万hm^2；其中内陆水产种质资源保护区面积为814.35万hm^2，占中国内陆水域面积的46.45%；海域（含

河口区）水产种质资源保护区面积为745.17万hm^2。各保护区分布在中国各主要流域和海区；除京、港、澳、台外，各省级行政区内均有分布，并有不同的保护区类型（盛强等，2019）。

（1）河流型保护区数量为337处，面积为354.87万hm^2，占保护区总面积的22.76%。

（2）湖泊型保护区数量为107处，面积为447.41万hm^2，占比28.69%。

（3）水库型保护区数量为27处，面积为12.06万hm^2，占比0.77%。

（4）河口型保护区数量仅5处，面积为2.44万hm^2，占比0.16%。

（5）海洋型保护区数量为47处，面积为742.73万hm^2，占比47.63%。

可见，河流型与湖泊型是内陆水域种质资源保护区的主要类型，且内陆水域保护区数量远多于海域保护区数量，是海域保护区数量的9倍，但海洋型保护区面积较大。统计结果显示，各类型保护区平均面积从大到小为海洋型>湖泊型>河流型>水库型>河口型。

3. 水产种质资源保护区空间分布特点

已设立的10批535处国家级水产种质资源保护区，分布在中国31个省级行政区。拥有30个以上保护区的省份有湖北（66个）、山东（43个）、湖南（36个）、江苏（35个）和四川（31个）。

中国内陆水域国家级水产种质资源保护区主要分布在长江、黄河、黑龙江、淮河、珠江等30余个水系，海洋保护区则在黄海、渤海、南海与东海等4个海区分布。

内陆国家级水产种质资源保护区在长江流域分布数量最多，达到226处，共计106.19万hm^2。黄河流域保护区分布数量为65处，总面积共计132.40万hm^2，面积超过长江流域。黑龙江流域，拥有51处保护区，共计9.39万hm^2。另有淮河流域28处，共计4.90万hm^2；珠江流域23处，共计4.58万hm^2（盛强等，2019）。

（五）花卉种质资源栽培保护

对于野生花卉种质资源保护，最重要的设施是遍布全国的2 700多个自然保护区和数以千计的风景名胜区、森林公园和湿地公园等，那里是野生花卉和栽培花卉野生种及近缘种的原生生境，对于野生花卉遗传资源的保护和永续利用至关重要。然而，对于自然保护地外一些特别重要和珍稀濒危的花卉，也可以采取建立花卉原生境保护区（点）的方式加以特别保护。例如，自2008年起，农业农村部先后在7个省设立了18个花卉专项就地保护点（区），包括野生兰花或兰科植物11个、太行菊1个、紫斑牡丹1个、百合1个（赵鑫等，2020）。

对于栽培的花卉种质资源的保护，可以采取建立园圃的方式，就地栽种需要保护的花卉品种，并长期保存于种植园（圃）之中，每一个园（圃）实际上就是一个综合的或专业的花卉种质资源库。2018年国家草本花卉种质资源圃在中国农业科学院南口中试基地动工，这是我国农业农村部首次批准的综合性花卉种质资源圃（赵鑫等，2020）。实际上，在全国已建有多个专类的花卉种质资源库（圃），如针对牡丹、月季、百合等花卉的专业资源库（圃）。这些资源库（圃）对于栽培花卉的种质资源保护和花卉新品种创新培育都具有重要意义。在充分调查研究、制定技术规范、进行科学评定的基础上，中国花卉协会于2016年确定了首批37处国家花卉种质资源库（圃）。

三、生物遗传资源易地保护

（一）农作物种质资源的易地保护

1. 农作物种质资源保存体系

中国在农作物遗传资源保护方面已取得卓越的成就，在保存遗传资源的数量方面仅次于美国，在全球处于第二位。然而，美国农作物种质资源库保

存的60多万份种质材料中约80%是从美国本土之外收集而来，而保存在中国国家农作物种质资源库中的遗传材料约80%是从中国本土收集的，说明中国是真正的农业遗传资源大国。

中国不仅农业遗传资源丰富，而且保护保存工作也卓有成效。过去几十年，在中国政府大力支持和农业科研人员的不懈努力下，已基本建成了由长期库、复份库、中期库、种质圃、原生境保护点相配套的种质资源保存体系，并建立了确保入库（圃）种质遗传完整性的综合技术体系。包括：

（1）国家农作物种质资源长期库 1 座。

（2）国家农作物种质资源长期复份库 1 座。

（3）国家农作物种质资源中期库（水稻、棉花、麻类、油料、蔬菜、西甜瓜、甜菜、烟草、牧草等）10座。

（4）国家农作物种质圃（包括野生稻、小麦野生近缘植物、甘薯、马铃薯、木薯、野生棉、苎麻、野生花生、水生蔬菜、苹果、梨、砂梨、山楂、桃、杏、李、柿、杨梅、核桃、板栗、枣、葡萄、山葡萄、榛子、草莓、柑橘、龙眼、枇杷、香蕉、荔枝、猕猴桃、新疆特有果树及砧木、云南特有果树、寒地果树、甘蔗、茶树、桑树、棕榈、橡胶、多年生牧草、热带牧草、多年生蔬菜等）共43个（表6）。

（5）农作物近缘植物原生境保护点 206个。

（6）国家农作物种质资源信息中心 1个。

表 6　国家农作物种质圃保存遗传资源数量（截至 2014 年 12 月）

序号	资源圃名称	保存作物	种质数/份		物种数/个（含亚种）	
			总计	其中国外引进	总计	其中国外引进
1	国家野生稻种质圃（广州）	野生稻	5 075	237	20	19
2	国家野生稻种质圃（南宁）	野生稻	5 760	126	21	18
3	国家小麦野生近缘植物圃（廊坊）	小麦野生近缘植物	2 195	683	190	131
4	国家甘薯种质圃（广州）	甘薯	1 319	200	3	1
5	国家野生棉种质圃（三亚）	野生棉	762	622	41	38
6	国家苎麻种质圃（长沙）	苎麻	2 052	22	18	1
7	国家野生花生种质圃（武昌）	野生花生	270	270	35	35
8	国家水生蔬菜种质圃（武汉）	水生蔬菜	1 824	68	34	12
9	国家茶树种质圃（杭州）	茶树	2 082	103	7	0
10	国家桑树种质圃（镇江）	桑树	2 166	159	16	9
11	国家甘蔗种质圃（开远）	甘蔗	2 664	665	16	5
12	国家橡胶种质圃（儋州）	橡胶树	6 145	5 815	6	6
13	国家甘薯种质试管苗库（徐州）	甘薯	1 198	300	16	15
14	国家马铃薯种质试管苗库（克山）	马铃薯	2 091	1 490	14	14
15	国家多年生牧草种质圃（呼和浩特）	多年生牧草	562	271	100	35
16	国家果树种质梨苹果圃（兴城）	梨	1 038	258	14	2
		苹果	1 036	487	24	9
17	国家果树种质寒地果树圃（公主岭）	寒地果树	1 230	223	88	18
18	国家果树种质桃草莓圃（北京）	桃	460	155	6	1
		草莓	360	250	7	1
19	国家果树种质桃草莓圃（南京）	桃	635	210	6	0
		草莓	346	224	15	5

续表

序号	资源圃名称	保存作物	种质数/份		物种数/个（含亚种）	
			总计	其中国外引进	总计	其中国外引进
20	国家果树种质柑橘圃（重庆）	柑橘	1 406	509	77	59
21	国家果树种质核桃板栗圃（泰安）	核桃	385	35	10	5
		板栗	346	35	8	3
22	国家果树种质云南特有果树及砧木圃（昆明）	云南特有果树	1 038	50	162	10
23	国家果树种质新疆特有果树及砧木圃（轮台）	新疆特有果树	737	91	31	0
24	国家果树种质枣葡萄圃（太谷）	枣	703	6	2	1
		葡萄	538	330	14	1
25	国家果树种质桃葡萄圃（郑州）	桃	769	262	7	0
		葡萄	1 231	784	28	14
26	国家果树种质砂梨圃（武昌）	砂梨	980	108	7	1
27	国家果树种质荔枝香蕉圃（广州）	香蕉	262	41	5	1
		荔枝	245	1	1	1
28	国家果树种质龙眼枇杷圃（福州）	龙眼	327	24	2	1
		枇杷	603	42	15	1
29	国家果树种质柿圃（杨凌）	柿	745	64	7	1
30	国家果树种质李杏圃（熊岳）	李	681	170	10	2
		杏	814	89	10	2
31	国家果树种质山楂榛子圃（沈阳）	山楂	318	8	13	2
		榛子	145	0	3	0
32	国家果树种质山葡萄圃（左家）	山葡萄	385	2	1	1
33	国家红萍圃（福州）	红萍	505	351	7	7

续表

序号	资源圃名称	保存作物	种质数/份		物种数/个（含亚种）	
			总计	其中国外引进	总计	其中国外引进
34	国家香饮料圃（兴隆）	香料、饮料	258	154	68	26
35	国家热带果树圃（湛江）	热带果树	932	356	–	–
36	国家棕榈圃（文昌）	棕榈类	311	141	3	0
37	国家野生苹果圃（伊犁）	野生苹果	100	0	1	0
38	国家杨梅圃（南京）	果梅、杨梅	20	0	1	0
39	国家大叶茶圃（勐腊）	茶树	1 547	0	3	0
40	国家猕猴桃圃（武汉）	猕猴桃	1 158	21	57	2
		三叶木通	45	0	2	0
		泡泡果	10	10	–	–
41	国家热带牧草圃（儋州）	牧草	100	43	10	4
42	国家木薯圃（儋州）	木薯	591	154	2	1
43	国家多年生蔬菜圃（廊坊）	无性繁殖蔬菜	939	26	102	2
	合计		60 649	10 938	1 368	504

引自《中国生物多样性国情研究》，2018。

2. 农作物种质资源保存库类型与分工

国家农作物种质资源平台由国家长期种质库、国家复份种质库、10个国家中期种质库、43个国家种质圃和国家种质信息中心组成。国家长期种质库负责全国农作物种质资源的长期安全保存；国家复份种质库负责国家长期种质库保存种质资源的备份安全保护；国家中期种质库负责某一种或一类农作物种质资源的收集编目、中期保存、整理评价、繁殖更新和分发利用，并向国家长期种质库提供新收集的种质；国家种质圃负责某一种或一类无性繁殖

（多年生）农作物种质资源的收集分类、编目保存、整理评价、繁殖更新和分发利用; 国家种质信息中心负责全国农作物种质资源信息管理和信息系统建设。国家农作物种质资源平台按照“统一标准、统一编目、联合上网、资源共享”的原则, 通过中国农作物种质信息网, 实现国家种质库（圃）资源的共享（曹永生，方沩，2010）。

3. 农作物种质资源保存量

2018年我国农作物种质资源保护和利用工作取得显著成绩：资源保存总量突破50万份。新收集各类资源9 704份；入国家库圃资源10 485份，长期保存资源总量达502 307份（其中国家长期种质库保存435 550份，43个国家种质圃保存66 757份）（http://www.ixueshu.com）。

2020年国家种质资源长期库保存的资源量增加到451 125份，43个国家种质圃的保存量超过8万份。因此，截至2020年底，以上资源库共保存作物种质资源超过53万份，分属785个物种，保存数量位居世界第二，基本建立了国家主导的农作物种质资源保护和管理体系，为农作物科学和遗传育种提供了雄厚的物质基础。

已保存在国家种质库和种质圃中的农业野生植物达2万多份，分属于78个科256个属810个种（不含花卉和药用植物等），其中粮食类野生植物1万多份，油料类6 000多份，果茶桑类2 000多份，麻类、甘蔗、牧草等约2 000份（杨庆文等，2013）。

对收集的种质资源进行鉴定筛选，截至2016年，已完成20 227份农艺性状鉴定，6 145份主要农作物种质资源的抗病虫、抗逆和品质性状的精细特性鉴定，并评价筛选出2 498份特性突出、有育种价值的种质资源，相关单位利用这些优异种质已在生产中发挥重要作用。2016年度对外提供219种作物、分发种质资源81 582份次，是2012年专项实施前的10余倍，推动了我国农作物育种与现代种业的发展。

4. 国家农作物遗传资源管理信息系统与数据库

我国已构建了国家农作物种质资源管理信息系统，包括农作物种质资源编目数据库、普查数据库、引种数据库、保存数据库、监测数据库、评价鉴定数据库、分子数据库、图像数据库和分发利用数据库等700多个数据库（集），共210多万条数据记录。于1997年建成并开通中国作物种质信息网，向社会提供种质信息的在线查询、分析和共享，以及实物资源的在线索取等服务，目前网站年访问量达40万人次以上，也为农作物种质资源学科的发展奠定了坚实基础（刘旭等，2018）。

运用各种集成技术和手段将各类数据库集成在统一的环境下，建成了国家农作物种质资源数据库，这是一个集中式存储的大型数据库。经过20多年的建设，国家农作物种质资源数据库已拥有包括国家农作物种质库管理、青海复份库管理、国家种质圃管理、中期库管理、农作物特性评价鉴定、优异资源综合评价和国内外种质交换等9个子系统，近700个数据库。通过国家农作物种质资源数据库，可以全面掌握和了解我国农作物种质资源的情况，促进种质资源的保护、共享和利用，为科学研究和农业生产提供优良种质信息，为社会公众提供科普信息，为国家提供资源保护和持续利用的决策信息（图16）。

我国还建立了林木和林业微生物种质资源平台及信息系统，截至2013年底，国家林木种质资源平台规范化收集、登录中国林业遗传资源信息6万多份；林业微生物平台收录了1.65万余株（782属2 606种）微生物菌种信息。林业遗传资源的信息化建设在资源收集、保存、评价和利用方面取得初步成效，并将发挥越来越重要的作用。

（二）畜禽种质资源的超低温保存

畜禽遗传资源保护的技术方法主要有活体原位保种、配子或胚胎的冷冻保存、DNA 保存和体细胞保存4种方法，其中后3种属于易位保存。目前，我国地方畜禽种质资源的保护采取活体原位保种为主，易位保存为辅的方式

进行。

随着现代生物技术的发展，超低温冷冻方法作为活体保种的补充方式，可以较长时间地保存地方畜禽品种或者优良品种的优势基因。该方法是通过建立畜禽遗传资源基因库的方式，以冷冻方式保存地方畜禽资源的精液、胚胎、体细胞、血液和DNA等遗传材料。

我国已建设家畜、地方鸡种、水禽和蜜蜂等国家级畜禽遗传资源基因库6个。其中目前国内最大、世界上保存地方鸡种资源最多的国家级地方鸡种

图16　玉米种质资源多样性（曹永生，方沩，2010）

基因库（江苏），现已冷冻保存了168个地方禽种的1.3万余份 DNA 样本。截至2018年，国家级家畜基因库共保存了牛（普通牛、牦牛、水牛、大额牛）、羊（绵羊、山羊）、猪、马（驴）等104个地方牲畜品种、55万余剂的冷冻精液。同时，随着冷冻胚胎、体细胞系和基因组遗传信息等保存技术的日益完善，该基因库已保存冷冻胚胎1.5万余枚、成纤维细胞系5 000余份；并收集了包含牛、羊、猪和马（驴）等277个地方牲畜品种的2万余份DNA和血样，保存品种的行政分布区涉及我国21个省（市、区），地理分布覆盖5大气候带（王启贵等，2019）。

许多实验室正在建立动物成纤维细胞库，如中国科学院昆明动物研究所的野生动物细胞库、中国农业科学院北京畜牧兽医研究所遗传资源研究室的细胞库等，后者细胞库已构建了五指山小型猪、民猪、大白猪、德保矮马、鲁西黄牛、皮尔蒙特牛、小尾寒羊、蒙古羊、北京油鸡、藏鸡、矮脚鸡、狼山鸡、白耳鸡、石岐杂鸡、北京鸭、清远麻鸡和骡等95个重要濒危畜禽品种的成纤维细胞库，共计59 510份。

（三）水产种质资源的易地保护

1. 资源收集保存的架构体系

在科学技术部国家科技基础条件平台的支持下，中国水产科学研究院联合国内35家水产科研院所、大学，以及水产原良种场及龙头企业成立了水产种质资源共享服务平台（以下简称平台）。平台下设黄渤海区分中心、东海区分中心、南海区分中心、长江流域分中心等10个保存整合分中心，区域覆盖黄渤海区、东海区、南海区、黑龙江流域、长江流域、珠江流域、黄河流域等主要水域。平台于2005年开始筹备建设，2011年建设完成，根据我国水产种质资源生态分布类型和特点，以布局科学合理、范围广泛、尽量覆盖全国的原则，不断完善平台的组织框架结构和运行管理体系，至今已平稳运行了8年，保存类别涵盖鱼、虾、蟹、贝、龟鳖和水生植物等，保存形式主要包括活

体、标本、组织、胚胎、细胞和基因资源等（李梦龙等，2019）。

2. 资源收集保存的模式

平台活体资源收集模式分为自然资源和养殖资源两种模式。自然资源结合农业基础性、长期性科技工作专项和财政专项“长江水生生物资源与环境调查”“西藏重点水域渔业资源与环境调查”等开展我国主要流域水生生物野生资源收集、整理和保存。养殖资源依托水产遗传育种中心、国家（省级、地方级）原良种场、养殖企业和科研院所、高等院校的实验基地，结合科学技术部科技基础条件平台专项等开展养殖资源保存、繁育和更新。通过活体资源的收集整合，建立我国水产种质资源活体库。平台的标本、细胞、基因等资源整合模式，依托建立的水产种质资源活体库，开展主要水产种质标本制作、细胞培养、基因挖掘和利用（李梦龙等，2019）。

3. 资源收集保存的种类和数量

平台以活体资源、标本资源、精子及胚胎资源、基因资源和细胞资源等为水产种质资源的主要保存形式，已整合的物种不仅包括我国水域中鱼、虾、贝、藻等的常见物种，还延伸到了青海湖裸鲤（*Gymnocypris przewalskii*）、滇西低线鱲（*Barilius barila*）、墨脱四须鲃（*Barbodes hexagonlepis*）等多种珍稀、濒危物种和地方性土著种类。截至2018年，共收集整理共享2 028种活体资源信息、6 543种标本种质资源信息以及28种基因组文库、32种cDNA文库和42种功能基因等DNA资源信息（精子368种，细胞145种，DNA1 396种），活体整合数量占全国保存数量的95%以上，重要养殖生物种类的整合率达到100%（李梦龙等，2019）。

（四）花卉种质资源的易地保护

随着我国植物新品种保护环境的不断改善，国内大专院校、科研单位、植物园在花卉种质资源调查的基础上，都陆续建立了一大批种质资源库。如中科院植物研究所的牡丹品种资源圃，收集保存牡丹品种613 个。南京梅花山收集梅花品种200多个，无锡梅园收集梅花品种280个。南京农业大学“中国菊花种质资源保存中心”收集菊属及其近缘属资源和栽培品种2 000余份。国家花卉工程技术研究中心花卉资源圃收集梅花品种200多个、榆叶梅品种40多个、菊花野生近缘种和品种200多份等，并收集野生蔷薇属植物、中国传统月季及切花月季品种资源3 000余份，建立了月季育种种质基因库。武汉东湖风景区管理局中国荷花研究中心、武汉市蔬菜研究所国家水生蔬菜资源圃、上海辰山植物园等单位也不遗余力开展荷花种质资源保护工作。花莲命名的品种目前有800多个，仅中国荷花研究中心就保存了600多个品种（周伟伟，王新悦，2016）。

云南省农业科学院、中国农业科学院、北京植物园、上海植物园以及各地的月季园和月季公司对传统名花月季进行种质资源保护。目前仅北京植物园就收集了古老月季、野生种、栽培品种近1 500个。此外，珍稀濒危花卉种质资源的调查与保护工作也越来越受到重视。如广西南宁市金花茶公园从20世纪80年代开始从事金花茶育种及繁殖研究，建立了金花茶基因库，库内已收集金花茶原种及变种33种，栽培树苗2万余株（周伟伟，王新悦，2016）。

第六章

新时代农业遗传资源发展策略

一、农业遗传资源研究策略

农业植物遗传资源保护和开发利用涉及面很广，包括农作物种质资源的收集、编目、保护、繁种更新、分发利用与信息系统建立等基础性工作，作物起源、驯化与传播、种质分类、民族植物学与传统知识研究等基础研究，遗传多样性评价、重要性状表型鉴定、种质资源基因型鉴定、基因发掘和种质创新等应用基础研究。

（一）农业遗传资源研究趋势

1. 国际农业研究机构的重点工作

联合国粮食及农业组织（FAO）领导的国际各农业研究中心与各国种质资源研究机构十分重视农作物种质资源品质性状鉴定评价工作，大范围、主要品质性状的鉴定已基本完成，目前主要保持鉴定的同步性。主要粮食作物方面，国际旱地农业研究中心在1992年就完成了占总保存量80%的麦类种质资源主要营养品质性状的鉴定评价；国际水稻研究所对12 000份水稻种质资源进行了铁、锌元素含量的鉴定和遗传变异的评价；国际玉米小麦改良中心对1 400个改良玉米品种和400个地方品种进行了铁、锌元素含量的鉴定。蔬菜果树种质资源品质鉴定评价内容因品种不同而有所差异，如白菜、甘蓝等蔬菜针对的是纤维素、干物质、矿质元素等性状，苹果、草莓、桃等则针对的是果实中的可溶性糖、维生素等。在营养品质鉴定的同时，还开展了加工品质鉴定，以满足农产品的食用、工业生产与产品附加值提高的要求。国际玉米小麦改良中心开展了对小麦粉面团的形成时间、稳定时间等与加工品质有关的性状鉴定评价；法国对不同时期推广的372个小麦品种的面粉的黏度特性和面团流变学特性等进行鉴定评价，还有人对影响豆制品加工的大豆

蛋白质进行了鉴定研究，并对多种长绒棉品质性状进行了分析（刘浩等，2014）。

2. 国内农业种质资源研究趋势

由于种质资源事关国家核心利益，其保护和利用受到世界各国的高度重视，其研究呈现以下趋势（刘旭等，2018）。

第一，种质资源保护和研究力度越来越大。呈现出从一般保护到依法保护、从单一方式保护到多种方式配套保护、从种质资源主权保护到基因资源产权保护的发展态势，并对农民、环境与作物种质资源协同进化规律和有效保护机制，以及种质资源保存（护）的数量与质量同步提升规律方面开展相关研究。

第二，鉴定评价越来越深入。对种质资源进行表型和基因型的精准化鉴定评价，发掘能够满足现代育种需求和具有重要应用前景的优异种质和关键基因，特别注重重要目标性状遗传多样性及其环境适应性研究，以及重要目标性状与综合性状协调表达及其遗传基础研究。

第三，特色种质资源的发掘利用。针对绿色环保以及人们对未来优质健康食品的需求，发掘目标性状表现优异、富含保健功能成分的特色种质资源及其基因，创制有育种和开发价值的特色种质，为形成新型产业奠定基础。

第四，种质资源研究体系越来越完善，获取遗传资源的方法也越来越规范。中国已形成由中国农业科学院为主体的国家农业种质资源保存和研究体系，并形成以省级农业科学院为主体的地方农作物遗传资源保护和开发研究体系，农业科研力量不断增强。

（二）农业植物遗传资源鉴定与基因挖掘

1. 种质资源的基因型鉴定

对种质资源的认识分两个层次，一个是某种作物的所有种质资源，另一个是特定种质资源。针对所有种质资源，需要全面了解这些种质资源的地理分布、群体结构及其相互关系，也就是结构多样性；还需要了解同一个基因在不同种质资源中的不同形式（即等位基因）及其遗传效应，也就是功能多样性。针对特定种质资源的认识，需要从5个方面了解：①资源名称；②资源特性；③控制这些特性的基因或等位基因；④资源利用价值；⑤高效利用这份资源的途径。种质资源研究涉及多门学科，特别是近年来生物组学对其产生了深远影响，其中，基因组学带来的颠覆性技术之一是基因型鉴定（又称基因分型）技术。这些技术不仅可用于作物种质资源保护等基础性工作，还广泛应用于遗传多样性分析、新基因发掘和种质创新等多个方面（黎裕等，2015）。

2. 植物遗传资源的性状评价与基因挖掘

中国各农业研究机构已开展了多种农作物种质资源的精准鉴定评价，在新基因发掘方面取得显著成效。并在对种质库（圃）、试管苗库保存的所有种质资源进行基本农艺性状鉴定的基础上，对30%以上的库存资源进行了抗病虫、抗逆和品质特性评价，对筛选出的10 000余份水稻、小麦、玉米、大豆、棉花、油菜、蔬菜等种质资源的重要农艺性状进行了多年多点的表型鉴定评价，发掘出一批作物育种急需的优异种质。近年来，中国科学家牵头对水稻、小麦、棉花、油菜、黄瓜等多种农作物完成了全基因组草图和精细图的绘制，给全基因组水平的基因型鉴定带来了机遇。还利用测序、重测序、SNP技术对水稻、小麦、玉米、大豆、棉花、谷子、黄瓜、西瓜等农作物5 000余份种质资源进行了高通量基因型鉴定。此外，在全基因组水平上对水稻、棉花、芸薹属作物、柑橘、苹果、枇杷等农作物的起源、驯化、传播等进行了分析，获得了一些新认识（刘旭等，2018）。林业方面，已对杉木、油松、马尾松、毛白杨、银杏等200多个树种的遗传资源进行保存与遗传多样性评价；完成了毛竹、杨树、柳树等树种的全基因组测序；启动了全国油茶、核桃遗传资源调查编目。

（三）农业遗传资源研究技术创新

随着分子标记技术和第二代测序技术的快速发展，基因组学理论和方法不断深入到种质资源研究的多个层面，使种质资源保护和创新利用发生了研究思路和方法学上的变革。基因组学研究成果为种质资源的有效收集和保护提供了理论指导，也为阐明作物起源和演化、全面评估种质资源结构多样性提供了核心理论和技术，同时大幅度提高了基因发掘和种质创新效率。特别是全基因组测序、重测序和简化基因组测序技术不断成熟，使在全基因组水平上比较不同种质资源基因组变异成为可能；在此基础上，可阐明农作物起源以及驯化、改良和传播对种质资源形成的影响，明确现有种质资源和野外种质资源群体结构和遗传多样性，提出种质资源异地保存和原生境保护的最佳策略；结合表型鉴定数据，利用连锁分析和关联分析等基因组学方法，可高效发掘种质资源中蕴含的新基因和有利等位基因，提出其利用途径和具体方案，并在种质创新过程中充分利用基因组学研究成果，提高创新效率（刘旭等，2018）。

二、农业遗传资源利用策略

（一）遗传资源利用与乡村振兴战略

1. 乡村振兴目标和主战场

实施乡村振兴战略，是党的十九大做出的重大决策部署。实施乡村振兴战略，要推动乡村产业振兴、人才振兴、文化振兴、生态振兴和组织振兴。要求到2020年，乡村振兴制度框架和政策体系基本形成；到2035年，乡村振兴取得决定性进展，农业农村现代化基本实现；到2050年，乡村全面振兴，农业强、农村美、农民富全面实现。

乡村振兴的重点地区是经济贫困地区，特别是少数民族地区，而这些地区也是生物多样性和农业遗传资源保存特别丰富的地区。一些地区集革命老区、民族地区和贫困地区于一体，是跨省交界面大、少数民族聚集多、贫困人口分布广的连片特困地区，为国家扶贫攻坚示范区、跨省协作创新区、民族团结模范区，是我国生物多样性中心与农村扶贫攻坚主战场。然而，这些地区也是农作物和畜禽遗传资源特别丰富的地区，农业遗传资源开发可作为乡村振兴的主导产业。

2. 农业遗传资源与乡村产业振兴

未来农业呈现的6种发展趋势将奠定乡村产业振兴的基础。这6种发展趋势为：粮食等重要农产品供给保障水平全面提升，多种形式适度规模经营的引领水平全面提升，农业技术装备水平全面提升，农业生产经营效益水平全面提升，农产品质量安全水平全面提升，农业可持续发展水平全面提升。然而这6种提升都与农业遗传资源有关，特别是粮食等重要农业产品的供给依赖于丰富的农业种质资源，包括农作物、畜禽、林木、水产、药材、花卉等农业生物的优良品种和遗传多样性。农业种质资源是乡村产业发展的战略资源，遗传多样性是培育高产优质农作物和畜禽品种资源的基础。如云南红河州围绕梯田做产业，建设8万亩红米生产基地，打造“梯田谷雨”等品牌，大力发展梯田旅游，仅元阳县普高老寨这一个村子就聚集着几十家客栈，每个客栈年纯收入可达10万元以上。内蒙古敖汉旗建立传统杂粮品种保护基地，累计收集农家品种200多个，并建立品种保护基地开展试验示范，依托传统小米品种资源优势，实施品牌战略，敖汉小米被批准为国家地理标志保护产品、国家优质米，行销全国700余县，有效带动农民增收、农业增效（张灿强，吴良，2021）。

3. 农业遗传资源与乡村文化振兴

保护和利用农业遗传资源,有助于乡村文化振兴，因为许多农业遗传资源都承载着丰富的传统文化，例如，黔东南的从江香猪、黎平香禾糯等养殖

和种植历史悠久，其品种的选育和发展都与侗族文化有密切的关系。香禾糯的黏性特征与侗族人的口感和山地劳作便利携带食品有关，也与当地妇女利用糯米淘米水护理头发以及利用香禾糯秸秆的传统习俗有关。江侗乡稻—鸭—鱼系统已被联合国粮农组织认定为全球重要农业文化遗产，具有重要生态文化价值和生态旅游价值。全国各地的许多生态农业和依赖优质农产品的农家乐文化产业，可以作为发展休闲农业（种植业、畜牧业、生态旅游业）的基地。

2018—2020年的中央一号文件均指出，要保护好优秀农耕文化遗产，推动优秀农耕文化遗产合理适度利用。在乡村振兴成为国家战略的大背景下，通过组织农业文化遗产的项目申报，以及遗产地的科学保护、有序开发，不仅可以顺应联合国粮农组织在全球掀起的农业文化遗产热，而且可以此为抓手，带动遗产地的环境改善与农民增收致富，继而以点带面形成面向周边区域乃至全国的辐射影响力。

4. 农业遗传资源促进乡村生态振兴

乡村生态振兴，要落实生态发展理念，落实节约优先、保护优先、自然恢复为主的方针，统筹山水林田湖草沙系统治理，加强农村突出环境问题综合治理，严守生态保护红线，增强农业生态产品供给，提高农业生态服务能力，推进乡村自然资本加快增值。

而以农业遗传资源为基础的生态农业则是实现乡村生态振兴的必由之路。乡村生态振兴要在农业主体功能与空间布局上下力气，建立农业绿色循环低碳生产等制度和贫困地区农业绿色开发机制，利用传统的农家优良品种推广、传统耕地制度如轮作休耕、间作、立体种植养殖、节约高效农业用水等制度，健全农业遗传资源保护与利用体系，减少农药和化肥施用，完善秸秆、畜禽粪污等资源化利用制度。

“绿水青山金山银山”，然而要将“绿水青山”真正转变为“金山银山”就需要在不对生态环境造成破坏的情况下，生产出大量的生态产品。要利用传统农业种质资源的优势，全面实施具有可持续基础的生态农业，并为社会提供优质产品，确保食品安全和人体健康。此外，还应做好居住村镇的规划，使居住村镇建设与当地生态环境相融合。

（二）农业遗传资源利用与脱贫攻坚

1. 利用优良品种增加农业产量

由于优良品种不断更新，确保了粮食作物的安全生产和单位面积产量的不断提高，在中国，水稻、棉花和油料作物的品种，自1978年以来，在全国范围内已经更换4～6次，每一次新品种的更换都能增产10%以上，这些作物的产量每增加10%，人口贫穷水平将降低6%～8%。地方品种和农家品种为现代植物育种提供了丰富遗传多样性的同时，也一直是当地粮食生产和安全的坚实基础。在过去几十年间，主要粮食作物的单产增长迅速，虽然增产归因于众多因素，包括投入的增加和环境的改善，但主要因素之一是利用粮食和农业植物遗传资源开发新品种的作用（王述民，张宗文，2011）。

2. 利用地理标志产品增加农民收入

地理标志产品主要分为三个类型：①地理标志产品，由国家质检总局主管；②地理标志商标，由国家工商总局主管；③农产品地理标志，由农业部主管。据国家知识产权局统计，截至2020年6月底，累计批准地理标志产品2 385个，核准使用地理标志产品专用标志企业8 811家，注册地理标志商标5 682件，登记农产品地理标志3 090个（https://www.sohu.com/a/417475567_120655307）。然而，自2018年中央部委机构改革后，质检总局和工商总局都归为国家市场监督管理总局，农业部也更名为农业农村部，三种形式的地理标志产品将由国家市场监督管理总局下属的国家知识产权局统一监管。

中央、有关部委和部分省市对“地理标志”产品出台了相关政策。在中央层面，2013年，《中共中央国务院关于加快发展现代农业进一步增强农村

发展活力的若干意见》提出，深入实施商标富农工程，强化农产品地理标志和商标保护。2020年，《中共中央 国务院关于抓好“三农”领域重点工作确保如期实现全面小康的意见》再次指出，加强绿色食品、有机农产品、地理标志农产品认证和管理，打造地方知名农产品品牌，增加优质绿色农产品供给。地理标志产品在地方经济发展中能够起到举足轻重的作用。

3. 发挥地理标志农产品在脱贫攻坚中的作用

第一，利用地理标志品牌大幅提高贫困地区农产品的价格。使用地理标志品牌，必须使其产品按照统一的标准或者规范进行生产，确保产品的特定品质，产出的农产品价格自然能有一定的溢价，从而能提高收入。例如，湘西保靖县“保靖黄金茶”的地理标志商标，单价大幅提高，实现了“一两黄金一两茶”，帮助其核心产区5万土家族及苗族群众于 2020年2月实现整体脱贫。

第二，利用地理标志产品助力贫困地区发展壮大相关产业。通过优质农产品地理标志商标注册，能够助力贫困地区创建优势特色产业集群，形成相关产业规模优势。例如，湖北三峡蜜橘产业集群入围特色优势产业集群，其“秭归脐橙”品牌帮助秭归县20万人口中的一半以上依靠柑橘产业于2018年底实现脱贫致富。

第三，利用地理标志产品带动贫困地区广大群众就业。地理标志产品的生产会增加对土地的需求，从而能够间接加速农村的土地流转，使一大批农民摆脱土地束缚，从事相关产业规模化生产，解决贫困地区群众就业问题。例如，“西峡香菇”2008年获国家农产品地理标志认证，利用其品牌效应和市场优势直接推动了西峡香菇种植的规模，带动了深加工产业发展和当地农民就业（李珊珊，张柳，2020）。

（三）农业文化遗产推动遗传资源的保护和利用

1. 农业文化遗产保护的目标

自联合国粮食及农业组织于2002年提出全球重要农业文化遗产保护工作以来，已有21个国家的57项传统农业系统被列入全球重要农业文化遗产（GIAHS）名录。我国于2012年开始重要农业文化遗产的挖掘和保护工作，截至目前，农业农村部已批准了5批106项中国重要农业文化遗产，其中15项被列入全球重要农业文化遗产。农业文化遗产的保护，不仅能帮助人们了解当地的生态条件，而且能反映当地的农业、饮食传统和文化，从而使这种动态的农业生态系统得到全社会的关注和认同。通过“农业文化遗产”项目，使历史悠久、承载传统文化的农业系统和系统内丰富的生物遗传资源以及独特的生产方式和技术能够得到保护和发扬，既为当地居民提供长期的粮食和生计保障，又发挥重要的生态功能，推动农业发展，促进社会进步，实现经济和生态文化价值的统一（伽红凯，卢勇，2021）。

2. 农业文化遗产地的生物多样性特征

农业文化遗产地的农业生物多样性极为丰富，主要体现在丰富的农家品种资源多样性、因地制宜的农业生态系统多样性，以及传统农业生产方式和生产技术的多样性。农业生物多样性种植系统以及多品种混作、轮作间种、桑基鱼塘、农林复合、稻田养鱼等传统农业生产技术，发挥了生物多样性的优势，至今仍然是许多地区特别是少数民族地区可持续农业发展的途径。

农家品种遗传多样性确保了农业文化遗产地的农业产品具有优质品牌价值。在农业文化遗产地, 当地农民基于社会经济因素和文化因素，注重传统品种的种植，主要特点表现为：①传统农家品种保存的种类多，选择性强，更能满足当地人的生产和生活需求。例如, 黔东南黎平县数百年种植香禾糯，每个农户家里都保存了数个乃至数十个香禾糯品种。②农业生态系统内组成复杂，多物种混合种植和养殖，如云南哈尼稻作梯田系统内,多个传

统水稻品种混合间作与单个现代品种种植相比，不仅更能防治稻瘟病，还能增加产量。③农业文化遗产地传统文化中的宗教、习惯、习俗等非物质文化形式都对农业生物多样性的保护产生了积极的作用，如贵州侗族在服饰、饮食、建筑、医药等方面都体现出生物多样性（张丹等，2016）。

3. 农业文化遗产对农家品种资源就地保护发挥作用

农业种质资源易地保护方式具有明显的弊端，因为基因库保存条件再理想，保存的材料也会发生老化现象，在基因库长期保存的种子其发芽率将随着保存时间的增长而降低，自1996年以来，有20%基因库的安全性恶化，种质的活力下降（王述民，张宗文，2011）。因此，定期监测种质的活力并及时更新是必需的，然而，这将需要大量经费、基础设施和人力，特别是缺少技术人员。即使对基因库的种质资源能够定期进行轮换种植，但因其异地生境中光照、海拔、气温等环境因子的变化而无法完全保证其遗传多样性与稳定性，还容易造成基因漂移。

除了基因库自身建设的问题以外，还存在种子自身遗传多样性进化和环境适应等问题。一个在基因库长期低温保存的种子对于几十年后的生态环境是否适应是个问题，因为几十年中，农田生态系统已发生重大变化，不仅土壤、肥力、水质、污染程度发生变化，病虫害的生理和病理也在进化，而基因库的种子却丧失了与环境共同演化的机会。而农业文化遗产保护可以为其农业生产系统中的农业种质资源（农作物和畜禽品种资源）提供一个就地保护的生境，从而保证系统内的作物和畜禽种质资源能够维持其生活型和生态型的自然进化和遗传稳定及基因丰富的正常进程，并随着所在生境变化获得对水土肥等环境和气候变化的适应，并维持对病虫害的抵抗能力。

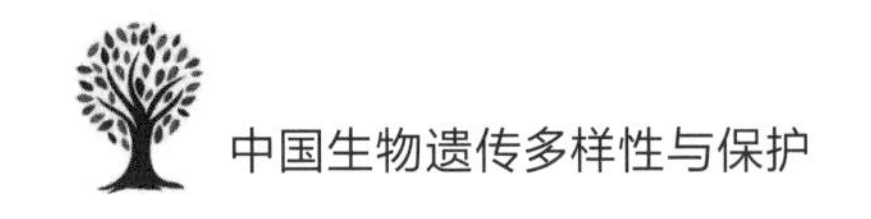

三、农业遗传资源管理策略

（一）农业遗传资源管理总体策略

1.“十四五”农业遗传资源保护与管理目标

“十四五”是加快现代作物和畜禽种业发展的关键阶段，是全面推进农业遗传资源保护与利用工作的关键时期。“十四五”期间，我国农业遗传资源保护与利用工作的总体思路是：全面贯彻创新、协调、绿色、开放、共享的新发展理念，按照农业供给侧结构性改革的总体部署，坚持有效保护和有序开发相结合，加大政策支持，强化科技驱动，完善体制机制，建立健全农作物和畜禽遗传资源保护体系、种质评价体系、动态监测预警体系和开发利用体系，努力开创保护与利用相结合、资源优势和产业优势相融合的新格局，全面提升我国农业遗传资源保护和利用水平。

主要目标是：确保重要资源不丢失、种质特性不改变、经济性状不降低，着力提高有效保护率，国家级保护品种有效保护率提高5个百分点，省级保护品种有效保护率提高10个百分点；资源开发利用工作，要立足于深度挖掘地方资源优势、提高企业育种能力、创新自主产权品种，着力提高国产核心品种的市场占有率，培养一批在国内外具有较强影响力的育繁推一体化的民族企业，形成机制灵活、竞争有序的现代畜禽种业新格局。

2. 农业遗传资源保护与管理的原则

在农业遗传资源保护与管理的具体工作中，应坚持以下四个原则：一是政府主导，社会参与。农业遗传资源保护以国家为主，要强化各级政府的主体责任，加大财政资金扶持力度。充分发挥技术推广机构的支撑作用，支持鼓励科研教学机构、龙头企业和社会公众广泛参与，巩固强化以公益性保护为主、多元主体共同参与的局面。二是分级保护，突出重点。建立健全国家

和省级分级保护制度，完善保护名录，科学确定保护优先顺序。落实品种个性化保护方案，确保重要资源得到有效保护。三是依法管理，科技驱动。全面贯彻落实《中华人民共和国种子法》和《中华人民共和国畜牧法》及其配套法规，加强资源鉴定、保护、开发、合作利用等重点环节的监管；创新保种理论和保护方法，充分采用现代生物技术和信息化技术，为资源有效保护利用提供支撑。四是以保为主，以用促保。以有效保护为基础，以开发利用促进保护，推动资源共享和可持续利用。挖掘地方品种开发潜力，促进资源优势转化为市场优势，实现保护与利用有机结合（于康震，2017）。

（二）提高农业遗传资源保护与管理能力

1. 健全保种体系并提升保种能力

要健全保种体系，持续提升保护能力。在保护名录上，要根据全国资源状况和实际需求，适时调整优化国家级农业遗传资源保护名录。各省也要制定和修订省级农业遗传资源保护名录，落实分级保护，各负其责，确保列入各级保护名录的资源得到有效保护。在保护布局上，要进一步完善原产地保护和异地保护相结合、活体保种和遗传物质保存互为补充的农业遗传资源保护体系。适当集中保种力量，统筹规划国家级核心基因库和区域性基因库建设，提高保护效率。在保护方案上，针对每个品种的不同需要，制定个性化保种方案，指导保种主体适时调整完善保种方案，并加强专家对作物和畜禽种质保存库和保种场的技术指导和监督检查，切实提高保种效果。在保护方式上，要坚持保种场、保护区和基因库相结合的保护方式。要对国家和省级保护名录中还没有建立保种场或保护区的作物和畜禽遗传资源全面落实保种主体，因地制宜建立健全相应的保护机制（赵俭等，2019）。

2. 加强农业遗传资源的动态监测和信息管理

继续进行并完成第三次全国农作物种质资源普查，进一步收集存留在农村社区的传统农家作物品种资源，并妥善保存于国家和地方作物种质资源各类资源库中；完成青藏高原区域畜禽遗传资源补充调查，查清我国青藏高原区域范围内牦牛、羊和蜜蜂等主要畜种、农业昆虫的数量、分布、特性等，努力实现地方畜禽遗传资源信息动态监测全覆盖。

在农业遗传资源调查的基础上，要强化对农业遗传资源的动态监测。在农业遗传资源重点分布区和重要的就地保护区（点）、保种场和种质资源库建立监测站点，实现资源信息全覆盖。要加快建设国家农业遗传资源动态监测预警体系，继续组织实施农作物、畜禽地方品种登记，搭建监测平台，根据农作物和畜禽遗传资源濒危状况判定标准，实时监测各级作物保存圃、保种场、保护区、就地保护点、种质库、基因库的保种状况，及时有效预警资源濒危风险，提高资源保护的针对性和前瞻性。各省也要依托农业农村部的平台，加快本省资源动态监测预警体系建设，实现国家级、省级农作物和畜禽种质资源保存库、保存圃、就地保护点和保种场的信息联网共享（赵俭等，2019）。

3. 加强农产品供给侧结构性改革

随着我国经济发展，农业发展面临新的更为多元化的发展需求，突出表现在供给层面，迫切需要加快供给侧结构性改革。作为种植业和畜牧业的良种源头和发展基础，农业遗传资源保护与利用工作也必须紧跟行业发展趋势，准确把握新要求新任务，积极转变发展方式，适应现代种植业和畜牧业发展的需要。

目前，我国种植业和畜牧业发展基本解决了老百姓的吃饭和吃肉问题，但由于我国农产品供给“大路货”多，优质、特色、品牌产品少，与新时期城乡居民消费结构快速升级的矛盾开始显现，迫切需要加快调整产业结构和产品结构，促进农产品供给由主要满足“量”的需求向更加注重“质”的需求转变。要抓住加快推进畜牧业供给侧结构性改革的有利时机，充分挖掘地方农业遗传资源的优势，进一步转变发展方式，全面推动地方农业遗传资源保护与利用工作，促进提质增效，满足市场多元化需求（于康震，2017）。

（三）提升农业遗传资源自主创新能力

1. 种质创新与遗传基础拓宽

种质创新能够缩短资源保护者与育种家之间的距离，促进种质资源在育种中的利用。拓宽遗传基础有利于降低遗传脆弱性，增加遗传变异性。很多国家都有类似的种质创新和遗传基础拓宽活动，一般采用不同方法对种质资源遗传多样性进行分析，提出可能的种质创新和遗传基础拓宽策略，以及开展这些作物种质创新与遗传基础拓宽的技术方案。抗病性、抗逆性和产量因素多为创新目标，地理远缘材料如野生种是创新的材料来源（王述民，张宗文，2011）。

为丰富我国的农业遗传资源宝库，我国应利用联合国粮食及农业组织（FAO）的多边系统，根据国内育种和生产的需要，通过征集和交换，不失时机地从FAO下的国际农业研究中心获取急需的育种目的基因和优质、高产、抗病的遗传材料。另外，不仅可以组织专家有针对性地到世界各国进行实地考察和收集，如到中、南美洲国家收集棉花、甘薯、玉米、番茄、烟草等作物的种质资源和到印度收集水稻的种质资源等，还可以通过国际贸易方式，从国外引进优质农业种质资源，以多种途径拓宽农业遗传资源基础。

2. 加强农业育种的自主创新能力

我国丰富的地方农作物和畜禽遗传资源是培育优质、高产、特色、抗逆优良品种的重要素材，要深入挖掘这些优良品种资源的利用潜力，为社会提供更多更好的农产品。在20世纪50—60年代，我国由于缺少育种能力，种植业和畜牧业的品种主要从国外引进并直接使用，但是从20世纪70年代开始，逐步建立了国家和地方庞大的育种体系，并培育出分门别类的大量农作物品种，包括杂交水稻品种等，使粮食生产跨上一个新的台阶。

当前，我国农作物自主品种占95%以上，畜禽核心种源自给率达到64%，品种对农业增产的贡献率达到45%。新中国成立70多年来，我国农业遗传资源保护与利用取得举世瞩目的成就，为保障国家粮食安全、生物安全和生态安全提供了有力支撑。与农作物品种培育能力相比，畜禽品种资源的自主培育能力较弱，地方畜禽良种自主创新发展迟缓，至今仍大量使用国外畜禽、鱼品种，良种产业受制于人，个别品种甚至完全被国外所垄断。为提升自主培育品种能力，必须加强地方畜禽遗传资源保护与利用，以地方品种资源和引进品种相结合，加快新品种自主创新培育，逐步实现畜禽良种从进口为主向自我为主转变，从根本上增强畜牧业的市场竞争力（于康震，2017）。

3. 在种质创新中重视农家品种资源

我国地方农作物和畜禽品种丰富多样，繁殖力高、抗逆性强、口感好，是发展现代育种培育优良农作物品种的重要基因库，也是生产特色优质肉蛋奶的重要物质基础。然而过去普遍重视高产新品种的推广，忽视了地方品种资源的挖掘和利用。世界多国畜禽遗传资源日益衰竭的历史教训表明，进一步强化落实对地方畜禽遗传多样性的有效保护，已是刻不容缓。

农业遗传资源原产地和主产区，有很多都是分布在偏远落后的农村地区，目前这些地区资源开发力度不够，大部分地方品种资源在品质、风味、保健、文化等优良特性开发利用方面大都停留在初级阶段，产品种类比较单一，产品附加值低，优质优价的市场机制尚未形成，市场综合竞争力弱。要依托地方遗传资源优势，因地制宜发展地方特色种植业和畜牧业（于康震，2017）。

第七章

生物遗传资源的国际保护与惠益分享

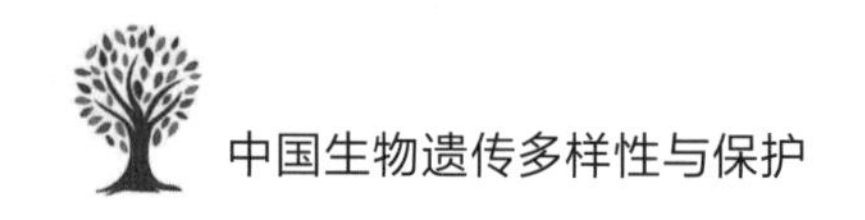

一、《生物多样性公约》与农业生物多样性保护

（一）《生物多样性公约》关于农业生物多样性保护议题

《生物多样性公约》（以下简称《公约》或CBD）涉及农业生物多样性的条款主要分布在序言和附件一中，分别对应关键词“粮食”和“农业”。《公约》在序言提及“意识到保护和持久使用生物多样性对满足世界日益增加的人口的粮食、健康和其他需求至为重要，而为此目的取得和分享遗传资源和遗传技术是必不可少的”，强调了生物多样性对于粮食的重要性，以及遗传资源惠益分享的必要性；附件一第2款提出：“以下物种和群体：受到威胁；驯化或栽培植物种的野生亲缘种；具有医药、农业或其他经济价值；具有社会、科学或文化重要性；或对生物多样性保护和持久使用的研究具有重要性，如指标物种”，对农业生物多样性的内涵和外延做出了具体规定。

农业生物多样性包括与粮食、农业及生态系统相关的生物多样性所有组成部分：维系农业生态系统关键作用、结构和过程所必需的基因、物种和生态系统层次的动物、植物和微生物的所有品种和变异性。农业生物多样性是遗传资源、环境、农民使用的管理体系和实践相互作用的结果。从《公约》第二次缔约方大会（COP2）开始，历届缔约方大会都有针对农业生物多样性开展的议题或专题讨论，并作为成果纳入大会的最终决定。

（二）“爱知目标”有关农业生物多样性保护的目标

2010年在日本名古屋召开的《公约》第十次缔约方大会具有里程碑意义。大会不仅通过了《名古屋议定书》，还通过了《2011—2020年生物多样性战略计划》及“爱知目标”，为2011—2020年全球生物多样性保护提出了战略框架和行动指南，特别是在20个具体目标中有5项涉及农业生物多样

性、遗传资源及相关传统知识的保护与管理。

目标6：到2020年，所有鱼群和无脊椎动物种群及水生植物都以可持续和合法方式管理和捕捞，并采用基于生态系统的方法以避免过度捕捞，同时建立恢复所有枯竭物种的计划和措施，使渔捞对受威胁的鱼群和脆弱的生态系统不产生有害影响，将渔捞对种群、物种和生态系统的影响限制于安全的生态限度内。

目标7：到2020年，农业、水产养殖及林木覆盖的区域实现可持续管理，确保生物多样性得到保护。

目标13：到2020年，保持了栽培植物和养殖与驯养动物及野生亲缘物种，包括其他社会经济以及文化上宝贵的物种的遗传多样性，同时制定并执行了减少基因损失和保护其遗传多样性的战略。

目标16：到2015年，《名古屋议定书》已经根据国家立法生效和实施。

目标18：到2020年，土著和地方社区的保护和可持续利用遗传资源有关的传统知识、创新和做法及其对于生物资源的习惯性利用，根据国家立法和相关国际义务得到了尊重，并在土著和地方社区在各国相关层次上的有效参与下，充分地纳入和反映在《公约》的执行工作中。

（三）“2020 年后框架”内容

“2020年后框架”是对“爱知目标”的继承与发展，将为未来十年乃至更长时间全球生物多样性保护提供指导。根据COP14第34号决定，由COP授权成立的“2020年后框架”不限名额工作组（OEWG）主要负责制定“框架”。2020年1月“框架”零案文适时发布。2020年8月17日，OEWG完成对“框架”零案文的修订即目前最新的“框架”文本，其中涉及农业生物多样性的是行动目标9：“到2030年，通过保护和可持续利用农业生态系统和其他受管理的生态系统来支持这些生态系统当中生物多样性的生产力、可持续性和复原力，使生产力缺口至少缩小50%”；在附件的监测指标中，设立了目标组成（可持续农业、水产、林业）、监测要素（7个）和具体指标（10个）三个类别，充分考虑了数据基线问题及监测频率。除可持续农业、渔业和林业面积外，将土壤质量、传粉者、遗传多样性等都纳入长期监测目标，这一变化表明农业生物多样性在目前《公约》履约中受重视的程度进一步加大（高磊等，2021）。

（四）农业生物多样性保护策略

全球层面，各缔约方不断创新举措，加大对农业生物多样性的保护力度。这些措施包括促进可持续土壤管理、恢复退化的生境、促进作物效率和复原力研究、支持和促进有机农业和农林业、鼓励农业多样化、改善流域管理等。一些缔约方提到的行动包括推广和鼓励使用耐气候作物，采取激励措施将现代做法纳入农业系统、推广改良的灌溉技术。欧盟在其成员国实施统一的农业政策，即欧盟共同农业政策。

中国积极参与农业生物多样性相关履约工作。

第一，中国积极推动农业可持续绿色发展。近年来先后发布《全国农业可持续发展规划（2015—2030年）》《农业绿色发展技术导则（2018—2030年）》《国务院办公厅关于加强农业种质资源保护与利用的意见》等文件，为指导农业可持续发展制定了纲领，明确了农业生物多样性保护工作重点和方向。

第二，实施重大保护行动。启动实施以长江为重点的水生生物保护行动，开展长江为期10年的禁渔工作，开展第三次全国农作物种质资源普查与收集行动，保护了野生稻、野生大豆、猕猴桃等60余个珍稀濒危野生植物种的原生境（郑晓明，杨庆文，2021）。

二、遗传资源获取与惠益分享国际制度

(一)《公约》关于遗传资源获取与惠益分享的内容

1.《公约》三大目标

《公约》提出三大目标：①保护生物多样性；②持续利用生物多样性组成部分（生态系统、物种资源及遗传资源）；③公平公正地分享因利用遗传资源（及相关传统知识）而产生的惠益（即获取与惠益分享 Access and benefit sharing, ABS）。

发展中国家，尤其是发展中生物资源大国认为，发达国家的生物技术公司，常常以非正当方式从发展中国家获取遗传资源及相关传统知识，并利用其先进的生物技术优势，将其开发成专利产品，再到提供遗传资源及相关传统知识的国家和地区牟取巨额利益，这极不公平。发展中国家多为遗传资源及相关传统知识的提供方，他们迫切希望建立一个有法律约束力的获取与惠益分享（ABS）国际制度，以保护他们的遗传资源不再遭受“生物剽窃”。因此，公平公正地分享因利用遗传资源产生的惠益分享成为《公约》的第三大目标，是生物多样性保护历程的一个里程碑。

2.《公约》第15条关于遗传资源获取与惠益分享的规定

《公约》第15条（遗传资源的取得），对遗传资源的国家主权、获取资源前的“事先知情同意”程序、在“共同商定条件”下确保公平惠益分享等方面做出规定，即

（1）遗传资源具有国家主权，能否获取取决于国家政府，并服从于国家法律。

（2）遗传资源获取需要得到资源提供国的“事先知情同意”。

（3）遗传资源提供方与使用方需要共同商定条件。

（4）确保资源提供方与资源使用方之间的公平惠益分享。

（5）尽可能在提供遗传资源的国家进行开发研究。

（6）处理遗传资源获取与惠益分享与知识产权的关系。

这是人类第一次明确规定，生物遗传资源具有国家主权，打破了长期以来“遗传资源属于人类共同遗产”的传统观念，而“事先知情同意”“共同商定条件”等原则也为实施“获取与惠益分享制度”提供了抓手。

3.《公约》关于传统知识的规定及在中国的适用性

《公约》第8条（j）款要求每一缔约国应尽可能并酌情：“依照国家立法，尊重、保存和维持土著和地方社区体现传统生活方式而与生物多样性的保护与持续利用相关的知识、创新和实践并促进其广泛应用，由此等知识、创新和实践的拥有者认可和参与下并鼓励公平地分享因利用此等知识、创新和做法而获得的惠益。”

此项条款为保护土著和地方社区的与遗传资源相关的传统知识提供了法律依据。此条款明确了传统知识来自土著与地方社区，能够体现当地人传统生活方式，而与生物多样性的保护与可持续利用相关的知识、创新和做法。然而，此条款在中国实施尚存在挑战，因为中国少数民族是否等同于土著与地方社区，还需要具体认定。根据国际劳工组织169号决议和其他国际协定，经建立指标体系和比较研究，认为对中国某一民族整个评估是否属于“土著与地方社区”可能并不合适，而应对某一民族内分支或某一具体的地方社区进行评估。实证评估结果表明，中国一些地区的部分少数民族分支以及许多社区具有显著的土著与地方社区特征，适用于《名古屋议定书》的传统知识获取与惠益分享（李保平，薛达元，2021；薛达元等，2012；薛达元，2011）。

（二）《名古屋议定书》焦点内容

为切实履行《公约》第15条和第8条（j）款，杜绝“生物海盗”和“生

物剽窃”行为，确保遗传资源及其相关传统知识的提供方能够获得公平公正的应得惠益，发展中国家强烈要求就建立一项有法律约束力的遗传资源及其相关传统知识获取与惠益分享国际制度展开谈判。自1998年开始，经过各谈判集团和利益方的协商，最终达成一致，于2010年10月29日在《生物多样性公约》第10次缔约方大会上，通过了这个具有历史意义的《〈生物多样性公约〉关于获取遗传资源和公正公平地分享其利用所产生惠益的名古屋议定书》（简称《名古屋议定书》）。《名古屋议定书》的焦点内容如下（薛达元，2011；薛达元等，2012；薛达元，2014）。

1. 适用范围

适用《名古屋议定书》获取与惠益分享制度的对象主要有三类，即遗传资源、遗传资源的衍生物和遗传资源相关的传统知识。遗传资源使用方强调，《公约》并未提出衍生物，仅限于遗传功能利用的惠益分享；遗传资源提供方却认为，衍生物是由基因表达和生物自然代谢生成的化合物，是由使用遗传资源而直接产生的，应该纳入获取与惠益分享的范围。《名古屋议定书》在第2条（术语）中将“遗传资源利用”和“衍生物”都作了定义。前者是指对遗传材料的基因与生物化学组成进行研究和开发，包括通过使用生物技术的研究与开发；后者是指由生物或遗传资源自然发生的基因表达或代谢过程产生的生物化学化合物，即使其中不含有遗传功能单位。此种表述基本上满足了遗传资源提供方的要求，被大家接受。遗传资源相关传统知识是指，来自土著和地方社区、体现传统生产和生活方式、对生物多样性保护和生物资源可持续利用有利的传统知识、创新和做法。

2. 遗传资源的获取

第15条（遗传资源的取得）规定：①遗传资源的获取需经该资源原产国缔约方或依据《公约》获得该资源的缔约方的“事先知情同意”（PIC）；②要求PIC的各缔约方应采取必要的立法、行政或政策措施对其法律上的确定性、明晰性和透明性体做出规定。

第8条（特殊考虑）规定："缔约方应创造条件，包括利用关于非商业性研究目的的简化获取措施，促进和鼓励有助于保护和持续利用生物多样性的研究，特别是在发展中国家，同时考虑到有必要解决研究意图改变的问题。"

第8条还规定："适当注意根据国家和国际法所确定的各种威胁或损害人类、动物或植物健康的当前或迫在眉睫的紧急情况。缔约方可考虑是否需要迅速获得遗传资源和迅速分享利用此种资源产生的惠益，让有需要的国家，特别是发展中国家获得支付得起的治疗。"

3. 遗传资源的惠益分享

第5条（公平公正的惠益分享）基本上体现了发展中国家的要求，使"惠益分享"成为有法律约束力的缔约方义务。本条要点有：①根据《公约》第15条第3款和第7款，遗传资源的使用方应与提供遗传资源的缔约方（此种资源的原产国或根据《公约》获得遗传资源的缔约方）分享因利用资源以及嗣后的利用和商业化所产生的惠益，分享时应遵循共同商定的条件。②酌情采取立法、行政或政策措施，以落实上述第1款。③惠益形式可以包括货币和非货币性惠益，但不限于附件1所列的惠益形式。

4. 传统知识的获取与惠益分享

《名古屋议定书》第7条（与遗传资源相关传统知识的获取）明确规定："根据国内法，各缔约方应酌情采取各项措施，以确保对于由土著与地方社区（ILCs）所持有的与遗传资源相关的传统知识的获取得到了所涉ILCs的PIC或认可或参与，并订立了共同商定的条件。"

第5条（公平公正的惠益分享）第5款规定："各缔约方应酌情采取立法、行政或政策措施，以确保同持有与遗传资源相关传统知识的ILCs公平公正地分享利用此种知识所产生的惠益，这种分享应该依照共同商定的条件进行。"

《名古屋议定书》以与遗传资源平行的专门条款，规定了从土著和地方

社区获取遗传资源及相关传统知识，需要得到土著与地方社区的事先知情同意并与他们共同商定条件和签订体现公平公正惠益分享的协议。这充分体现了国际协定对于弱势群体土著与地方社区权利的保护。

5. 遵约

“国际公认证书”应作为证明，说明其所述遗传资源系依照PIC获得，并依照提供方的ABS国家立法和制度订立了MAT（共同商定条件）。“国际公认证书”相当于证明遗传资源身份的“护照”，它伴随其所证明的资源，用于遗传资源使用、转让、申请专利、商业化等多个环节。

《名古屋议定书》第17条（监测遗传资源的利用）规定该证书用于：①提供给ABS信息交换所的许可证或等同文件应成为国际公认的国际认定证书。②证书的信息包括：颁发证书的当局；颁发日期；提供者；证书的独特标识；被授予PIC的人或实体；证书涵盖的主题或遗传资源；已订立PIC的确认；获得PIC的确认；商业和非商业用途。

为监测ABS协议的履行，《名古屋议定书》规定可指定一个或多个检查点，指定的检查点将收集有关PIC、MAT、遗传资源来源及利用的相关信息，并酌情提供给惠益分享信息交换所；检查点应同遗传资源的利用或同研究、开发、创新、商业化前和商业化中的任何阶段收集的信息相关联。

6. 合成生物学与遗传数字序列信息

随着合成生物学技术发展和遗传资源数字序列信息的破解，科研人员可以根据遗传数字序列信息（即氨基酸排列顺序）在实验室合成所需要的产品，而不需要到实地获取遗传资源样本，从而省去“事先知情同意”程序，也不必要签订公平惠益分享协议，这为遗传资源获取与惠益分享制度带来了前所未有的技术挑战，大大增加了履约难度。

遗传资源数字序列信息（digital sequence information,DSI）即数字化的遗传资源信息，包括生物遗传物质的基因测序结果等核心数字信息。遗传资源数字序列信息的获取与惠益分享问题将成为《名古屋议定书》第15次缔约方大会各方瞩目的焦点。各方围绕遗传资源数字化信息是否应适用于《名古屋议定书》，以及如何实施获取与惠益分享制度展开激烈讨论（李保平，薛达元，2019）。

（三）《名古屋议定书》国家履行策略

1. 相关政策

早在《名古屋议定书》谈判期间，中国就已特别关注遗传资源及相关传统知识的流失、保护、管理及公平惠益分享等议题，并出台了多项政策。

（1）《国务院办公厅关于加强生物物种资源保护与管理的通知》。2004年3月31日发布了《国务院办公厅关于加强生物物种资源保护与管理的通知》（以下简称《通知》），提出15项措施：①充分认识生物物种资源保护和管理的重要性；②开展生物物种资源调查；③做好生物物种资源编目工作；④制定生物物种资源保护利用规划；⑤加强生物物种资源保护基础能力建设；⑥健全生物物种资源对外输出审批制度；⑦建立生物物种资源出入境查验制度；⑧加强生物物种资源对外合作管理；⑨加强科学研究和技术开发；⑩⑪加强人才培养；⑫加大资金投入；⑬强化预警监督；⑭完善立法工作；⑮加大执法力度；　加强领导和协调。

该《通知》明确，为避免工作重复和疏漏，国务院决定建立生物物种资源保护部际联席会议制度，统一组织、协调国家生物物种资源的保护和管理工作，部际联席会议由环保总局（现生态环境部）牵头，国务院17个有关部门参加。环保总局负责生物物种资源保护和管理的组织协调，会同国家监察委员会加强监督检查。教育、建设、农业、卫生、林业和中医药等部门负责本行业生物物种资源的保护和管理工作；工商、商务、海关、质检等部门负责市场和出入境管理；科技、知识产权等部门负责科研开发和知识产权管理；发展改革、财政等部门负责制订经济政策并落实所需资金。同时，还成立了“生物物种资源保护专家委员会”。

（2）《国家知识产权战略纲要》。2008年6月5日，国务院正式发布了《国家知识产权战略纲要》（以下简称《纲要》）。在该《纲要》第二部分“指导思想和战略目标”中，将“遗传资源、传统知识和民间文艺的有效保护与合理利用”列入近五年的战略目标，并提出今后一段时间的战略任务：完善遗传资源保护、开发和利用制度，防止遗传资源流失和无序利用。协调遗传资源保护、开发和利用的利益关系，构建合理的遗传资源获取与惠益分享机制。保障遗传资源提供者知情同意权。建立健全传统知识保护制度。扶持传统知识的整理和传承，促进传统知识发展。完善传统医药知识产权管理、保护和利用协调机制，加强对传统工艺的保护、开发和利用。

（3）《中国生物多样性保护战略与行动计划》。2010年9月17日，国务院审议批准实施的《中国生物多样性保护战略与行动计划》（2011—2020年）在其基本原则中提出“惠益共享”；在其战略任务6（推进生物遗传资源及相关传统知识惠益共享）中提出：“探索建立生物遗传资源及相关传统知识获取与惠益共享制度”。并在优先行动21中提出：①制定有关生物遗传资源及相关传统知识获取与惠益共享的政策和制度；②完善专利申请中生物遗传资源来源披露制度，建立获取生物遗传资源及相关传统知识的“事先知情同意”和“共同商定条件”的程序，保障生物物种出入境查验的有效性；③建立生物遗传资源获取与惠益共享的管理机制、管理机构及技术支撑体系，建立相关的信息交换机制。

（4）传统知识技术规定。2014年5月30日，环境保护部（现生态环境部）发布《生物多样性相关传统知识分类、调查与编目技术规定（试行）》（2014年第39号公告），对传统知识的分类、调查和编目作了具体规定，要求各地各部门结合实际工作，参考执行。这是全球第一个关于生物多样性相关传统知识的分类标准，将传统知识分为5个类型（30个小项）：①传统选育农业遗传资源的相关知识；②传统医药相关知识；③与生物资源可持续利用相关的传统技术及生产方式；④与生物多样性相关的传统文化；⑤传统生物地理标志产品相关知识。

（5）六部门通知。2014年10月28日，环境保护部、教育部、科学技术部、农业部（现农业农村部）、国家林业局（现国家林业和草原局）、中国科学院联合发布《关于加强对外合作与交流中生物遗传资源利用与惠益分享管理的通知》（环发〔2014〕156号）（以下简称《通知》），该《通知》提出，由于法规制度不健全和保护意识不强，对外合作与交流中发生的生物遗传资源流失问题还很突出，致使国家利益遭受损害。为加强对外合作与交流中生物遗传资源管理，促进惠益分享，提出6项任务：①充分认识加强生物遗传资源保护和管理的重要性；②加强对外合作与交流项目的立项管理；③强化对外合作与交流项目实施的监督管理；④加强对外合作与交流项目成果的跟踪监测和管理；⑤规范对外合作与交流中生物遗传资源的输出行为；⑥加强部门协调和基础能力建设。

2. 相关法规

（1）《中华人民共和国畜牧法》。2006年7月1日实施的《畜牧法》是首次提出“惠益共享”的国家立法，其第16条规定：“向境外输出或者在境内与境外机构、个人合作研究利用列入保护名录的畜禽遗传资源的，应当向省级人民政府畜牧兽医行政主管部门提出申请，同时提出国家共享惠益的方案；受理申请的畜牧兽医行政主管部门经审核，报国务院畜牧兽医行政主管部门批准。”为具体实施共享惠益的方案，国务院于2008年专门发布了《中华人民共和国畜禽遗传资源进出境和对外合作研究利用审批办法》。

（2）《中华人民共和国专利法》。2008年修订、2019年再修订的《专利法》对专利申请时披露其利用生物遗传资源的来源和原产地做出法律规定：

第五条　对违反法律、社会公德或者妨害公共利益的发明创造，不授予专利权。对违反法律、行政法规的规定获取或者利用遗传资源，并依赖该遗

传资源完成的发明创造，不授予专利权。

第二十六条　申请发明或者实用新型专利的，应当提交请求书、说明书及其摘要和权利要求书等文件。依赖遗传资源完成的发明创造，申请人应当在专利申请文件中说明该遗传资源的直接来源和原始来源；申请人无法说明原始来源的，应当陈述理由。

（3）《中华人民共和国非物质文化遗产法》。2011年6月1日实施的《非物质文化遗产法》定义的非物质文化遗产，是指各族人民世代相传并视为其文化遗产组成部分的各种传统文化表现形式，以及与传统文化表现形式相关的实物和场所。其保护范围包括了许多生物遗传资源相关传统文化和传统知识。其第3条规定："国家对非物质文化遗产采取认定、记录、建档等措施予以保存，对体现中华民族优秀传统文化，具有历史、文学、艺术、科学价值的非物质文化遗产采取传承、传播等措施予以保护。"

（4）《中华人民共和国种子法》。2016年1月1日起实施的《种子法》，在其第8条规定："国家依法保护种质资源，任何单位和个人不得侵占和破坏种质资源。"第11条规定："国家对种质资源享有主权，任何单位和个人向境外提供种质资源，或者与境外机构、个人开展合作研究利用种质资源的，应当向省、自治区、直辖市人民政府农业、林业主管部门提出申请，并提交国家共享惠益的方案。"

（5）《中华人民共和国中医药法》。2017年7月1日起施行的《中医药法》将中医药定义为"包括汉族和少数民族医药在内的我国各民族医药的统称"，其第43条规定："国家建立中医药传统知识保护数据库、保护名录和保护制度。中医药传统知识持有人对其持有的中医药传统知识享有传承使用的权利，对他人获取、利用其持有的中医药传统知识享有知情同意和利益分享等权利。国家对经依法认定属于国家秘密的传统中药处方组成和生产工艺实行特殊保护。"

（6）《中华人民共和国生物安全法》。2021年4月15日起施行的《生物安全法》在其第53条规定："国家对我国人类遗传资源和生物资源享有主权。"第58条规定："采集、保藏、利用、运输出境我国珍贵、濒危、特有物种及其可用于再生或者繁殖传代的个体、器官、组织、细胞、基因等遗传资源,应当遵守有关法律法规。境外组织、个人及其设立或者实际控制的机构获取和利用我国生物资源，应当依法取得批准。"第59条规定："利用我国人类遗传资源和生物资源开展国际科学研究合作，应当保证中方单位及其研究人员全过程、实质性地参与研究，依法分享相关权益。"

（7）《云南省生物多样性保护条例》。此条例于2019年1月1日起实施，第33条："县级以上人民政府及其环境保护、林业、农业、卫生、文化等行政主管部门应当加强与生物多样性保护相关的传统知识、方法和技能的调查、收集、整理、保护。"第34条："县级以上人民政府应当建立健全生物遗传资源及相关传统知识的获取与惠益分享制度，公平、公正分享其产生的经济效益。研究建立生物多样性保护与减贫相结合的激励机制，促进地方政府及基层群众参与分享生物多样性惠益。"

（8）《湖南湘西土家族苗族自治州生物多样性保护条例》。此条例于2020年10月1日起实施，其第23条规定："州人民政府应当建立健全生物遗传资源及相关传统知识的获取与惠益分享制度，公平、公正分享其产生的利益。任何单位和个人在获取本行政区域内生物遗传资源以及相关传统知识时，应事先征得相关单位和生物遗传资源以及相关传统知识权利人同意，并签署获取与惠益分享协议，确保生物遗传资源以及相关传统知识权利人和合作开发方之间能够公平公正地分享利益，协议应当报州生态环境主管部门备案。"

3. 示范项目

为支持中国履行《名古屋议定书》，建立遗传资源及相关传统知识获取与惠益分享国家制度，2016年全球环境基金（GEF）批准在中国实施"建立和实施遗传资源及其相关传统知识获取与惠益分享的国家框架"项目。

GEF赠款500万美元，项目内容为三个部分：①建立国家获取与惠益分享监管和制度框架；②提高获取与惠益分享领域的能力建设和意识；③在云南、广西和湖南3省（区）的民族地区开展遗传资源及相关传统知识获取与惠益分享试点示范。共设计6个示范项目：①云南西双版纳石斛获取与惠益分享（ABS）示范；②云南西双版纳傣族民族医药传统知识ABS示范；③广西桂林地区罗汉果ABS示范；④广西防城港地区金花茶ABS示范；⑤湖南湘西黑猪ABS示范；⑥湖南湘西茶（黄金茶、古丈毛尖）ABS示范（图17～图20）。

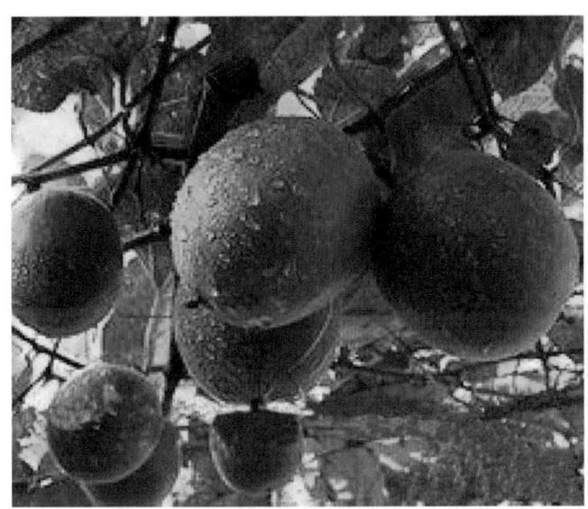

图17　罗汉果

图18　金花茶

图19　湘西黑猪

图20　黄金茶

三、ITPGRFA的惠益分享机制

（一）ITPGRFA 的多边系统的惠益分享机制

ITPGRFA即《粮食和农业植物遗传资源国际条约》。21世纪初，针对粮农植物遗传资源具有的独特特征以及在获取和惠益分享上的特殊需要，国际社会发起了多边谈判并采用“多边路径”解决粮农植物遗传资源的获取和惠益分享问题。具体而言，一方面，各国根据粮农植物遗传资源对粮食安全的重要性和各国在这些资源上的相互依赖性，谈判并商定了《粮食和农业植物遗传资源国际条约》（以下简称《条约》或ITPGRFA），《条约》缔约方相互之间有义务提供便利获取的64种（属）作物和饲草的遗传资源；另一方面，各国“在多边基础上”谈判并商定了便利获取和惠益分享的条款和条件。这就排除了围绕获取和惠益分享进行双边谈判的可能。在完成以上两个关键问题的谈判后，各国在《条约》中建立了一个便利获取粮农植物遗传资源和公正公平分享其利用所产生的惠益的多边系统，即通过SMTA（《标准材料转让协定》）落实获取与惠益分享事宜。

在获取与惠益分享方面，《条约》的目标是与《生物多样性公约》协调一致，为了持续的农业与粮食安全，实现对粮食和农业植物遗传资源的保护与可持续利用，并公平合理地分享因此种利用而产生的利益。该条约进一步强调，本条约目标的实现，有赖于条约自身同联合国粮农组织及《生物多样性公约》之间的紧密结合。我国目前尚不是ITPGRFA的缔约国，但作为观察员参与了ITPGRFA的许多活动。

（二）ITPGRFA 的特点及惠益分享理念

1. ITPGRFA 核心内容

（1）主体思想。承认各国对其粮农植物遗传资源的主权。为可持续发展农业和确保粮食安全，保存和可持续利用植物遗传资源，并公平合理地分享由此产生的利益。

（2）目标。建立遗传资源获取和惠益的多边体系，各缔约方在符合本国法律的前提下，将属于公共领域的植物遗传资源纳入该体系，方便世界各国获得。

（3）材料范围。64种（类）作物纳入首批清单，大豆、花生、油棕榈等未纳入。

（4）惠益分享。包括信息获取、技术转让、能力建设、商业化货币利益。

（5）知识产权。对获得的原始状态材料、遗传组成不得提出限制其方便获得的任何知识产权和其他权利的要求。

（6）主要机制。促进获取和惠益分享的机制是《标准材料转让协定》（SMTA），该协定规定了获取这些遗传资源和惠益分享的条件。SMTA旨在将载于ITPGRFA附件一中的35种（类）粮食作物和29种（类）牧草饲料作物的惠益分享标准化。

2. ITPGRFA 与 CBD 在惠益分享方面的异同

第一，ITPGRFA的获取与惠益分享体系为多边性质，而CBD为双边性质。

第二，两者管辖范围有差异：①尽管ITPGRFA适用于所有粮农植物遗传资源，但遗传资源获取的前提是“仅供粮农方面研究、培育和训练的利用和保护之目的，不包括化学、制药和/或其他非粮食/原料行业用途”。可理解为这些作物的非粮农商业用途则适用于CBD。②获取和惠益分享多边体系只限于ITPGRFA附件一所载农作物和饲草作物（64种或类）。而附件一以外的获取与惠益分享则适用于CBD。③附件一以外作物：ITPGRFA第15条规定，要将国际农业研究中心和其他国际机构所持有的一系列资源纳入多边体系，包括遵守获取和惠益分享条款的附件一作物和非附件一作物。这体现了对条约生效前已在国际农业研究机构收集保存的遗传资源的处理政策，但与CBD可能有冲突。④新的附件：对于将来可能出现的附件二、附件三，甚至可能出现的畜禽资源附件，是否仍属于ITPGRFA的管辖范围可能存在争议（薛达元等，2009；薛达元等，2012）。

（三）ITPGRFA 的实施

在ITPGRFA多边系统涵盖的资源方面，截至2017年10月，63个缔约方将它们控制和管理的近130万份材料纳入了多边系统（含美国最新纳入多边系统的50万份材料），国际农业研究磋商组织所属的11个国际农业研究中心以及其他5个相关国际机构将它们持有的70余万份材料纳入了多边系统，当前多边系统总共涵盖了200余万份粮农植物遗传资源材料（张小勇，杨庆文，2019）。

截至2017年8月10日，ITPGRFA下的Easy SMTA（在线《标准材料转让协定》管理系统）记录了共计58 971份协议，其中缔约方报告了10 811份，根据《条约》第15条与管理机构签订了协议的国际机构报告了47 846份，非缔约方报告了314份。缔约方报告的协议中有62份涉及正在培育的粮农植物遗传资源，国际机构则报告了18 740份涉及正在培育的粮农植物遗传资源的协议。通过这些协议向179个国家的接受方提供资源。

截至2017年8月10日，Easy SMTA记录了共计4 176 312份粮农植物遗传资源样品的转让，其中4 005 714份样品属于《条约》附件一所列作物，170 577份样品属于未列入附件一的作物。从分发的样品数量来看，缔约方共分发了127 669份样品，占全部已分发样品的6%，与管理机构签订协议的国际

机构共分发了3 915 063份样品，占93.7%，非缔约方的用户仅分发了11 033份，占0.3%（张小勇，王述民，2018）。

四、《UPOV公约》及其惠益分享理念

（一）UPOV 核心内容

《UPOV公约》即《国际植物新品种保护公约》。《UPOV公约》中所谓植物新品种，是指经过人工培育的，或者对新发现的野生植物加以开发，具备新颖性、特异性、一致性和稳定性并有适当命名的植物品种。植物新品种保护，实际指“植物育种者权利”或者“植物品种权”的保护，同专利、商标、著作权一样，植物品种权是植物育种工作中形成的知识产权。植物新品种保护不是对新品种的植株或其繁殖材料本身进行保护，而是通过设计合理的权利范围，对育种者合理享有的品种权进行保护。对于获得品种权授权的品种，育种者享有排他的独占权。植物新品种保护的根本目的是保护育种者合法权益，促进育种事业的发展。

《国际植物新品种保护公约》的核心内容是授予育种者对其育成的品种具有排他的独占权，他人未经品种权人的许可，不得生产和销售此种植物新品种，或须向育种者交纳一定的费用。根据《UPOV公约》的规定，育种者享有为商业目的生产、销售其品种的繁殖材料的专有权，包括：以商业目的而繁殖、销售受保护的植物品种；在观赏植物或切花生产中作为繁殖材料用于商业目的时，保护范围扩大到以正常销售为目的而非繁殖用的观赏植物部分植株；为开发其他品种而将受保护品种商业性地反复使用。

（二）《UPOV 公约》的惠益分享理念

《UPOV公约》认识到，农家品种和野生近缘种，对当今许多国家的现

代品种做出了贡献。如果没有野生近缘种对抗病性状做出的贡献，甘蔗、番茄、烟草等一些作物就不可能以较大的商业规模来种植。但是从事保存和培育粮食和农业植物遗传资源的人员（包括农民），并没有得到与来自遗传资源商业开发价值成正比例的利益。目前许多国家及其农民，通过植物遗传资源的利用，从新品种的培育推广中获得利益。但一些边缘和边远地区的农民，很少从植物遗传资源中得到可观的利益。为此，《UPOV公约》理事会在2003年10月23日第37届大会上通过了《UPOV公约》对制定“获取和惠益分享国际制度”的观点，提供了从《国际植物新品种保护公约》角度对谈判国际制度问题的概览。

（三）《UPOV 公约》的实施

根据国际植物新品种保护联盟（UPOV）官方数据计算，1984—2016年末UPOV品种权累计申请总量、授权总量分别为340 094件和243 012件。申请量排名前五位的UPOV成员分别是欧盟（57 864件）、美国（37 592件）、日本（30 662件）、荷兰（29 364件）和中国（20 008件）；授权量排名前五位的联盟成员分别是欧盟（44 770件）、美国（28 513件）、日本（25 749件）、荷兰（21 286件）和法国（10 847件）。截至2017年10月底，UPOV联盟成员植物品种权有效总量为 117 427 件。

我国于 1997 年颁布《植物新品种保护条例》，1999年加入《UPOV 公约》1978文本，并开始受理品种权申请授权工作。自2013年始，我国年度申请量仅次于欧盟，位居国际植物新品种保护联盟（UPOV）成员第二位。2016年年度授权量跃居UPOV成员第二位。截至2017年底，我国农业植物品种权总申请量21 917件，总授权量9 681件，年度申请量超过欧盟跃居UPOV成员第一位。与其他国家表现出的平稳增长态势相比，我国植物品种权申请量呈现出爆发式快速增长的趋势（周绪晨，宋敏，2019）。

五、SDGs与农业可持续发展

2015年9月25日，联合国可持续发展峰会在纽约总部召开，193个成员国在峰会上正式通过17个可持续发展目标（SDGs）。可持续发展目标旨在从2015—2030年间以综合方式彻底解决社会、经济和环境三个维度的发展问题，转向可持续发展道路。17个可持续发展目标共涵盖169个具体目标，包括解决贫困、消除饥饿、生物多样性保护和农业可持续发展等多个领域。

（一）与消除饥饿和粮食安全相关的目标

目标2：消除饥饿，实现粮食安全，改善营养状况和促进可持续农业。

1. 农业生产困境

全球约有5亿个小农场，大部分实行旱作，提供大多数发展中国家食品消费的80%。投资于小农场是增加对最贫穷国家粮食安全和营养，以及为本地和全球粮食生产的一个重要途径。自1990年以来，约75%的农作物多样性已从农田消失。更好地利用农作物多样性可以促进更多的营养膳食，增强农业社区的生计和更有抗灾能力及可持续的农业系统。全球有13亿人没有电用，他们大部分生活在发展中国家的农村地区。能源贫困在许多地区是对减少饥饿和确保世界可以生产足够的粮食来满足未来需求的根本性障碍。

2. 全球饥饿现状

饥饿人口数量（按营养不足发生率计算）已持续下降数十年，从2015年又开始缓慢增加。2015年的估计数字表明，将近6.9亿人处于饥饿状态，占世界人口的8.9%。一年内增加了1 000万，五年内增加了近6 000万。按照目前的趋势，到2030年，世界不可能实现零饥饿的目标，届时受饥饿影响的人数将超过8.4亿，而2019新冠肺炎疫情大流行可能使这个数字再进一步增加。预计到2050年世界将新增20亿人口，要为他们提供营养，全球粮食和农业系统必须做出深刻的改变，可持续粮食生产对于减轻饥饿风险至关重要。

3. 改变粮食生产方式

现在是重新思考如何种植、共享和消费粮食的时候了。如果方法得当，农业、林业和渔业可以为所有人提供营养丰富的食物，并创造体面收入，同时支持以人为本的农村发展和环境保护。目前，土壤、淡水、海洋、森林和生物多样性正在迅速退化。气候变化对我们赖以生存的资源带来了更多的压力，将增加干旱和洪水一类的灾害风险。许多农户单靠自己的土地已经入不敷出，迫使他们迁移到城市寻找机会。如果要为8亿多饥饿人口和预计到2050年新增加的20亿人口提供营养，全球粮食和农业系统必须做出深刻的改变。

（二）与农业生态系统相关的目标

目标15：保护、恢复和促进可持续利用陆地生态系统，可持续管理森林，防治荒漠化，制止和扭转土地退化，遏制生物多样性的丧失。

1. 农业生物多样性削弱

根据2019年《生物多样性和生态系统服务全球评估报告》（IPBES报告），目前约有100万种动植物濒临灭绝，许多物种在未来几十年内就会灭绝。报告呼吁变革性改变，以复原和保护自然。另外，品种单一化可能导致农业产量不稳定。据报告，在8 300个家养动物品种中，8%已经灭绝，22%濒临灭绝；在8万个树种中，作为潜在利用对象加以研究的不到1%；鱼类为大约30亿人提供20%的动物蛋白，但仅10个种就占海洋捕捞渔场产量的30%，另10个种占水产养殖渔场产量的50%。人类膳食的80%以上来自植物。仅5种粮食作物就提供人类能量摄入的60%。微生物和无脊椎动物对生态系统服务至关重要，但人们还不太了解或认同它们的各种贡献。

2. 农业生态系统退化

IPBES报告发现，人类和其他所有物种赖以生存的生态系统的健康状况

正在迅速恶化，恶化的速度前所未有。这影响着全球各地人们的经济、生计、粮食安全、健康和生活质量。大自然对我们的生存至关重要，为我们提供氧气，调节气候，使农作物得以授粉，为我们提供粮食、饲料和纤维。但是，自然承担的压力越来越大。

有26亿人直接依赖农业生活，但有52%的农业用地受土壤退化的一定影响或严重影响；土地退化影响全球15亿人，耕地丧失速度估计是历史速度的30～35倍；由于干旱和荒漠化，全世界每年丧失1 200万hm^2耕地（每分钟23hm^2），这些土地本可以生产2 000万t粮食；全球有74%的穷人直接受土地退化影响。

地球的健康关系到是否会出现人畜共患病（即在动物和人类之间传播的疾病）。由于我们不断破坏脆弱的生态系统，人类与野生生物的接触日益广泛，野生生物的病原体扩散到牲畜和人类身上，增加了疾病发生和蔓延的风险。

（三）SDGs 实施成果

1.《可持续发展目标报告 2020》

该《报告》根据截至2020年6月的数据，对17个可持续发展目标（SDG）的年度进展进行了分析，结果显示，到2020年底，全球水平上可持续发展169个具体目标中有21个目标将有序推进，其中多个指标与生物多样性及农业遗传资源相关（http://www.tanpaifang.com/ESG/2020073072888.html），主要包括：

（1）保护粮食和农业动植物遗传多样性（SDG 2.5）。在保护粮食和农业动植物遗传多样性方面全球进展缓慢。根据各国提交的国家报告，评估品种中约73%面临灭绝危险。截至2019年底，全球保存在基因库中的植物遗传材料共有540万份，较2018年增长1.3%；当地畜禽品种仅在一个国家增加的数量达101个，占全球报告大约7 600个品种的比例很小。

（2）将鱼类种群恢复到可持续水平（SDG 14.4）。全球渔业资源的可持续性继续下降，尽管速度有所降低，但在生物可持续水平内的鱼类种群所占比例从1994年的90%下降至2017年的65.8%。

（3）保护和恢复陆地和淡水生态系统（SDG 15.1）。到2020年，自然保护区的面积自2000年以来增加了12%～13%。

（4）促进森林可持续管理、制止砍伐森林和恢复退化森林（SDG 15.2）。世界森林面积继续缩小（尽管速度比前几十年稍慢）。2015—2020年，每年的森林砍伐面积估计为1 000万hm^2。但2020年的数据显示，保护区和长期管理计划下的森林面积比例在全球和世界大多数地区都有所增加或保持稳定。

（5）保护和防止濒危物种的灭绝（SDG 15.5）。在全球范围内，过去30年，物种灭绝风险恶化了约10%，红色名录指数从1990年的0.82降至2015年的0.75，并且在2020年下降至0.73（数值1表示不存在灭绝威胁，数值0表示所有物种都已灭绝）。

（6）将生态系统和生物多样性价值纳入政府规划和核算（SDG 15.9）。截至2020年1月，已有113个缔约方评估了实现与爱知生物多样性目标有关的国家指标方面的进展情况。约有一半的缔约方在实现目标2方面取得了进展，但进展速度不快。

2.《中国落实 2030 年可持续发展议程进展报告》

2017年8月，中国外交部发布了《中国落实2030年可持续发展议程进展报告》，与生物多样性和农业遗传资源相关的内容如下。

（1）加快发展现代种业,建立国家农作物种质资源和畜禽遗传资源管理、保护与利用体系。实施了第三次全国农作物种质资源普查与收集行动，保护基因资源。建立了199个国家级畜禽遗传资源保种场、保护区、基因库和458个省级保种场（区）；认定了52个杂交水稻、杂交玉米制种大县和100个国家区域性良繁基地；印发了《中国林业遗传资源保护与可持续利用行动

计划（2015—2025年）》，加强了国家林木种质资源保存库建设和管理。

（2）推动水产养殖业绿色发展，水生生物资源养护进一步加强。印发并实施了《关于加快水产养殖业发展的若干意见》，大水面生态增养殖等健康养殖模式得到推广；实施了新修订的《渔业捕捞许可管理规定》，全面落实了海洋渔业资源总量管理制度。调整完善了伏季休渔制度，规范伏休期间特许捕捞管理，七大流域实现禁渔期制度全覆盖,开展海洋牧场建设，截至2019年4月，全国海洋牧场达到233个。

（3）做好生物多样性保护工作，加强有害生物入侵风险管控。加大濒危野生动植物保护力度，开展濒危野生植物、生物多样性基础调查和评估，建设观测网络和数据库。启动国家林木种质资源设施保护库（主库）建设，开展遗传资源保护与惠益分享试点，继续完善畜禽遗传资源保护体系，已建立国家级保种场、保护区和基因库187个，建立植物园200余个，保存植物2.3万多种。

主要参考文献

曹宁，薛达元. 2019. 论壮族传统文化对生物多样性的保护：以广西靖西市为例. 生物多样性，27（7）: 728–734.

曹永生，方沩. 2010. 国家农作物种质资源平台的建立和应用. 生物多样性，18（5）：454–460.

高爱农，郑殿升，李立会，等. 2015. 贵州少数民族对作物种质资源的利用和保护. 植物遗传资源学报，16（3）：549，554.

高吉喜，薛达元，马克平. 2018. 中国生物多样性国情研究. 北京：中国环境出版集团.

高磊，王蕾，胡飞龙，等. 2021. 农业生物多样性保护履约进展及对我国农业发展的启示. 生物多样性，29（2）：177–183.

伽红凯，卢勇. 2021. 农业文化遗产与乡村振兴：基于新结构经济学理论的解释与分析. 南京农业大学学报（社会科学版），21（2）：53–61.

李保平，薛达元. 2020.《生物多样性公约》中“土著和地方社区”术语在中国的适用性和评价指标体系. 生物多样性，29（2）：193–199.

李保平，薛达元. 2019. 遗传资源数字序列信息在生物多样性保护中的应用及对惠益分享制度的影响. 生物多样性，27（12）：1 379–1 385.

李斌，郑勇奇，林富荣，等. 2014a. 中国林木遗传资源利用与可持续经营状况. 植物遗传资源学报，15（6）：1 390–1 394.

李斌，郑勇奇，林富荣，等. 2014b. 中国林木遗传资源对粮食安全和可持续发展的贡献. 湖南林业科技，41（4）：70–74.

李梦龙 ，郑先虎，吴彪，等. 2019. 我国水产种质资源收集、保存和共享的发展现状与展望. 水产学杂志，32（4）：78–82.

李珊珊，张柳. 2020. 发挥“地理标志”产品在脱贫攻坚中的积极作用. 山东干部函授大学学报，（6）：39–42.

黎裕，李英慧，杨庆文，等. 2015. 基于基因组学的作物种质资源研究：现状与展望. 中国农业科学，48（17）：3 333–3 353.

刘浩，周闲容，于晓娜，等. 2014. 作物种质资源品质性状鉴定评价现状与展望. 植物遗传资源学报，15（1）：215–221.

刘旭，李立会，黎裕，等. 2018. 作物种质资源研究回顾与发展趋势. 农学学报8（1）：1–6.

刘旭. 2018. 中国作物种质资源研究现状与发展. 2018年中国作物学会学术年会论文摘要集.

刘旭，郑殿升，董玉琛，等. 2008. 中国农作物及其野生近缘植物多样性研究进展，植物遗传资源学报，9（4）：411–416.

乔卫华，张宏斌，郑晓明，等. 2020. 我国作物野生近缘植物保护工作近 20年的成就与展望. 植物遗传资源学报，21（6）：1 329–1 336.

邵桦，薛达元. 2017. 云南佤族传统文化对蔬菜种质多样性的影响. 生物多样性，25（1）46–52.

盛强，茹辉军，李云峰，等. 2019. 中国国家级水产种质资源保护区分布格局现状与分析. 水产学报，43（1）：62–79.

武建勇，薛达元，周可新. 2011. 中国植物遗传资源引进引出或流失历史与现状. 中央民族大学学报（自然科学版），20（2）：49–53.

王启贵，王海威，郭宗义，等. 2019. 加强畜禽遗传资源保护，推动我国畜牧种业发展. 中国科学院院刊，34（2）：174–179.

王石, 汤陈宸, 陶敏. 2018. 鱼类远缘杂交育种技术的建立及应用. 中国科学: 生命科学，48（12）：1 310–1 329.

王述民, 李立会，黎裕，等. 2011. 中国粮食和农业植物遗传资源状况报告（Ⅱ）. 植物遗传资源学报，12（2）：167–177.

王述民，张宗文. 2011. 世界粮食和农业植物遗传资源保护与利用现状. 植物遗传资源学报，12（3）：325–338.

王艳杰，薛达元. 2015. 论侗族传统知识对生物多样性保护的作用，贵州社会科学，（2）：95–99.

王玉栋. 2017. 我国观赏花卉的种类及发展对策. 现代园艺，（9）：21.

薛达元. 2005. 中国生物遗传资源现状与保护. 北京：中国环境出版社.

薛达元，崔国斌，蔡蕾，等. 2009. 遗传资源、传统知识与知识产权. 北京：中国环境出版社.

薛达元，郭泺. 2009. 论传统知识的概念与保护. 生物多样性，17（2）：135–142.

薛达元. 2011.《中国生物多样性保护战略与行动计划》的核心内容与实施战略. 生物多样性，19（4）：387–388.

薛达元，秦天宝，蔡蕾. 2012. 遗传资源相关传统知识获取与惠益分享制度研究. 北京：中国环境出版社.

薛达元. 2014. 建立遗传资源及相关传统知识获取与惠益分享国家制度——写在《名古屋议定书》生效之际. 生物多样性 22（5）：547–548.

薛达元. 2019. 生物多样性相关传统知识的保护与展望. 生物多样性，27（7）：705–707.

薛达元. 2021. 中国履行《生物多样性公约》进入新时代. 生物多样性，29（2）：1–2.

薛达元. 2011.《名古屋议定书》的主要内容及其潜在影响. 生物多样性 19（1）：113–119.

杨庆文，秦文斌，张万霞，等. 2013. 中国农业野生植物原生境保护实践与未来研究方向. 植物遗传资源学报，14（1）：1–7.

张灿强，吴良. 2021. 中国重要农业文化遗产：内涵再识、保护进展与难点突破. 华中农业大学学报（社会科学版），（1）：148–155.

张丹，闵庆文，何露，等. 2016. 全球重要农业文化遗产地的农业生物多样性特征及其保护与利用. 中国生态农业学报，24（4）：451–459.

张海新，及华. 2005. 野生花卉种质资源的开发利用. 河北农业科学，9（2）：112–115.

张小勇，杨庆文. 2019. 我国加入《粮食和农业植物遗传资源国际条约》的选择和建议. 植物遗传资源学报，20（5）：1 110–1 117.

张小勇，王述民. 2018.《粮食和农业植物遗传资源国际条约》的实施进展和改革动态. 植物遗传资源学报，19（6）：1 019–1 029.

张渊媛，薛达元. 2019. 遗传资源及相关传统知识获取与惠益分享关键问题研究. 中国环境出版集团，16–18.

赵俭，吕亚南，姚竞杰，等. 2019. 浅析我国畜禽种业发展的主要特点及成效，中国畜禽种业，（5）：25–27.

赵鑫，贾瑞冬，朱俊. 2020. 我国重要花卉野生资源保护利用成就与展望. 植物遗传资源学报，21（6）：1 494–1 502.

郑殿升，杨庆文，刘旭. 2011. 中国作物种质资源多样性. 植物遗传资源学报，12（4）：497–500，506.

郑晓明，杨庆文. 2021. 中国农业生物多样性保护进展概述. 生物多样性，29（2）：167–176.

郑勇奇. 2014. 中国林木遗传资源状况报告. 北京：中国农业出版社.

周绪晨，宋敏. 2019. 中国植物新品种保护事业国际化发展研究. 中国软科学，（1）：20–30.

周伟伟，王新悦. 2016. 种质资源是花卉产业发展的源动力. 中国花卉园艺，23：10–15.

Abstract

1. Concepts related to genetic resources

According to the Convention on Biological Diversity, “biological resource” means a genetic resource, an organism or part thereof, a population of organisms, or any other biological component of an ecosystem that has an actual or potential use or value for humans. “Genetic resource” means genetic material of actual or potential value. “Genetic material” means any material from a plant, animal, microorganism or other source containing a unit of genetic function.

“Germplasm resources” refer to the biological resources with genetic function, which is a common term in agriculture, forestry and breeding industry, and is basically the same as the concept of “genetic resources”. Variety resources are the germplasm resources bearing the knowledge of artificial breeding, which are contained in crop species, and also the genetic resources in the sense of agricultural breeding. Agricultural germplasm resources in China include cultivated plants and domesticated animals such as crops, livestock, poultry, fish, forage grass, flowers and medicinal materials and their wild relatives.

Genetic diversity is an important component of biodiversity. Genetic diversity in a broad sense refers to the sum of all kinds of genetic information carried by living things on earth. This genetic information is stored in the genes of the individual organism. So genetic diversity is just the genetic diversity of an organism. Any species or an individual organism has a large number of genetic genes, which can be regarded as a gene pool. The more abundant genes a species contains, the stronger its ability to adapt to the environment. Therefore, gene

diversity is the basis of life evolution and species differentiation. In a narrow sense, genetic diversity mainly refers to the changes of genes within an organisms' species, including the genetic variation between significantly different populations within a species and within the same population.

2. The background status of biological genetic resources in China

Biological genetic resources mainly include plant genetic resources, animal genetic resources and microbial genetic resources. Plant genetic resources used for production and cultivation mainly refer to crop genetic resources, forest genetic resources, ornamental flower genetic resources, medicinal biological genetic resources, etc. Animal genetic resources used for production and breeding mainly refer to domestic animals, poultry, aquatic products and special economic breeding animals.

(1) Crop genetic resources

China is one of the important origin centers of crops in the world. There are a large number of crop species and varieties in China. Currently, there are 1,251 cultivated species and 3,308 wild related species, belonging to 619 genera and 176 families.

By the end of 2020, the total number of genetic materials stored in the long-term preservation bank of crop germplasm resources in China has reached 451,125 accessions. With the addition of more than 80,000 genetic materials stored in 43 crop germplasm nurseries distributed all over China, the total number of genetic material accessions has exceeded 530,000, ranking second only to the United States in the world. Among 451,125 accessions of genetic materials, 84,294 accessions of rice, 51,126 of wheat,29,882 of maize, 32,632 of soybean, 11,218 of cotton and 31,361 of vegetable genetic resources are stored in the database.

A nationwide survey of 191 agricultural wild plant species has been carried out, and 8,643 populations of 80 wild relative species have been found. In the crop genetic resources reserve （nursery）, 6,803 pieces of wild rice genetic materials have been preserved, involving 19 wild relative species; 2,664 wild relatives of wheat, involving 134 species. There are 9,684 wild soybean genetic materials, involving 4 species.

（2）Livestock and poultry genetic resources

China has a long history of raising livestock and poultry and is one of the countries with extremely rich livestock and poultry genetic resources in the world. There are more than 20 species of livestock and poultry in China, including pigs, chickens, ducks, geese, cattle, buffalo, yaks, sheep, goats, horses, donkeys, camels, rabbits and so on. *The National Catalogue of Livestock and Poultry Resources* issued in 2020 lists 33 domestic animal species.

According to *the Second National Survey of Livestock and Poultry Genetic Resources* （Variety Resources）, which ended in 2010, more than 20 livestock and poultry species have 901 varieties, of which 554 are local varieties, accounting for 61.5%, of the total number and 1/6 of the global total, including 125 pig breeds with 88 local breeds, 120 cattle breeds with 94 local breeds, 146 sheep breeds of which 101 are local breeds, 89 horse, donkey and camel breeds, of which 60 are local breeds, 291 poultry species, including chicken, duck, goose, turkey, pigeon, quail and other poultry species, 175 of which are local varieties. There are 131 other breeds of livestock and poultry, of which 37 are local breeds.

（3）Forest genetic resources

There are more than 1,000 economic tree species in China, mainly woody grain and oil, medicinal, chemical raw materials, fruit trees, woody vegetables and other tree species. More than 200 woody oil species; Woody food has 100 species; About 140 species of fruit trees; Nearly 1,000 species of woody medicinal plants;

There are more than 1,200 species of ornamental trees; More than 60 species of energy trees; There are also a number of timber species and industrial raw material species.

There are more than 300 main cultivated species of trees in China, only about dozens of which are widely cultivated and applied in production. Due to the long-term environmental conditions and artificial breeding of cultivated tree species, the diversity of forms and varieties has been formed, and these excellent forest species have been widely used in artificial afforestation. By the end of 2015, China had identified more than 4,000 good tree varieties and approved more than 1,200 new cultivars （including ornamental plants） with a popularized area of 1,001 km^2 and more than 20 billion seedlings.

（4）Aquatic biological resources

Fish species are the most abundant in freshwater aquatic organisms in inland China. At present, 967 species of pure freshwater fish have been classified and described, accounting for about 1/10 of the world's freshwater fish, including 15 species of migratory sea river fish and 68 species of estuarine fish. In terms of taxonomic composition, cyprinoid has the largest number of species, with 623 species, accounting for 77.2% of China's freshwater fish. More than 60 species of freshwater fish have been preserved, developed and farmed, and their output accounts for more than 80% of China's freshwater farming output.

A total of 2,156 species of fish have been classified and described in the four sea areas of China, of which about 300 species are economic fish, and about 60 ~ 70 species are common and high-yield economic fish. There are more than 300 species of shrimp and crabs. Among the 1,707 common species of fish, 79 are indigenous and 15 are endemic, 43 of which have been developed and bred, occupying an important position in the production of mariculture in China.

（5）Genetic resources of ornamental flowers

China has identified 7,939 species of native ornamental plant species, including high ornamental value of 144 lily magnolia species and 207 species of camellia, azaleas 350 species and 421 species of orchids and 40 species of ornamental palm, 169 species of ornamental ferns, 367 species of ornamental fruit, 103 species of aquatic flowers and plants, 142 species of ornamental bamboo, 101 species of coniferous ornamental trees, 597 species of broad leaf trees, 1,130 species of flower shrubs and 2,237 species of herbaceous ornamental plants,

China has a long history of flower cultivation, with wide variation, rich types and variety. For example, there are more than 3,000 varieties of chrysanthemums, more than 800 varieties of peony, more than 400 varieties of peony, more than 160 varieties of lotus, and more than 300 varieties of camellia in china. In addition, sweet-scented osmanthus has been cultivated for 2,500 years. There were 233 varieties of garden balsam 100 years ago in China.

（6）Traditional knowledge associated with genetic resources

Through thousands of years of production and living practices, the working people of all ethnic groups in China have created a wealth of traditional knowledge, innovations and practices for the protection and sustainable utilization of biodiversity. In particular, China's traditional medicine, including traditional Chinese medicine and ethnic minority medicine, is a world-famous typical traditional knowledge. Today, China still has many ethnic minority communities, which maintain their traditional modes of production and life. They are similar to the "indigenous and local communities" in the Convention on Biological Diversity（CBD）.

China has developed a classification system of traditional knowledge related to genetic resources, which is divided into 5 categories and 30 items, namely:

knowledge of breeding, cultivation and use of agricultural genetic resources; Knowledge of traditional medicine to maintain health; Traditional technology and production and life style of utilization of biological resources; The traditional culture of biodiversity conservation and sustainable use; Geographical indication products of traditional utilization of biological resources.

3. Protection of biological genetic resources in China

(1) Protection of crop genetic resources

By the end of 2018, China had built 205 original habitat protection sites for wild relatives of crop plants. The protected species mainly include 39 wild plants with important development and utilization value, such as wild rice, wild soybean and wild relative plants of wheat, wild apple, Hebei pear, wild citrus and wild kiwi fruit, as well as wild lotus, wild tea and wild water shield, etc. of cash crops.

At present, China has basically established a germplasm resources preservation system consisting of long-term, duplicate, medium-term, germplasm nursery and original habitat protection sites, with more than 530,000 germplasm resources preserved. It includes: 1 national crop germplasm resources long-term bank and 1 national crop germplasm resources copy bank, 10 national germplasm mid-term banks, 43 national crop germplasm nurseries and 1 national crop germplasm resources information center.

(2) Protection of livestock and poultry genetic resources

China has set up 165 national protection farms for livestock and poultry resources, 24 national protected areas for livestock and poultry genetic resources, 65 breeding stations for male animals and 1,209 original breeding farms, covering 30 provinces (municipalities and regions) across the country. An animal germplasm conservation system with germplasm conservation farms and original breeding farms as its core has basically taken shape. A total of 249 local varieties have been protected. Among them, 39 endangered local species were rescued and protected. In addition, 458 provincial-level livestock and poultry genetic resource conservation farms and protection areas have been set up in all localities to coordinate with national protection facilities.

Six national gene banks of livestock and poultry genetic resources have been established. By 2018, more than 550,000 frozen semen, 15,000 frozen embryos and 5,000 fibroblast cell lines from 104 local livestock breeds, including cattle, sheep, pigs and horses, have been stored. More than 20,000 DNA and blood samples from 277 local livestock and poultry breeds were collected, covering 21 provinces（municipalities and regions）.

（3）Protection of forest genetic resources

For cultivated tree species with important economic value and excellent characters, genetic resources should be protected by establishing seed collection bases and fine variety bases（mother seed forests, seed orchards, cutting orchards, experimental and demonstration forests）, and providing excellent seeds and seedlings and propagation materials for afforestation.

By 2014, China had built 22 comprehensive conservation banks for genetic resources of multiple tree species, 13 special conservation banks for genetic resources of single tree species, and 226 state-level fine tree varieties bases. This reservation system has protected more than 2,000 species of trees, covering most provinces in China and 60% of the genetic resources of major tree species currently used for afforestation. A total of 585,200 hm^2 has been set up, including 48,800 hm^2 seed orchards, 18,200 hm^2 cutting orchards, 222,100 hm^2 test and demonstration forests and 296,600 hm^2 mother forests. In addition, a total of 272,800 hm^2 of seed collection bases were established. The area of various nurseries is 786,000 hm^2.

(4) Protection of aquatic biological genetic resources

By 2018, 535 sites for national aquatic germplasm resources protection, with a total area of 15.595 million hm^2, had been established in the spawning grounds, feeding grounds, wintering grounds and migration channels of endangered aquatic species in 29 provinces (municipalities and regions). The protection area of inland aquatic germplasm resources is 8.1435 million hm^2, accounting for 46.45% of China's inland water area. More than 400 species have been protected, including more than 320 species of fish, 1 species of mammals, 6 species of reptiles and 11 species of amphibians.

China has set up 31 genetic breeding centers, 84 state-level fishery seed farms, 820 local-level fishery seed farms and 35 genetic resource conservation sub-centers. By 2018, the aquatic germplasm resources sharing service platform had collected, sorted out and shared information on 2,028 living species resources, 6,543 specimen germplasm resources, 28 genomic libraries, 32 cDNA databases and 42 functional genes and DNA information resources.

(5) Protection of genetic resources of ornamental and medicinal plants

Since 2008, the Ministry of Agriculture and Rural Affairs (former Ministry of Agriculture) has set up 18 special in situ conservation sites (areas) for ornamental flowers in seven provinces, including 11 wild orchids or cultivated orchids, one Taihong chrysanthemum, one purple peony and one lily. There are many ornamental flower germplasm banks (nurseries) in China, such as those for peony, rose, lily and other flowers. In 2016, China Flower Association identified the first batch of 37 national flower germplasm banks (nurseries).

China has also established a technical system for the protection of medicinal plant germplasm resources in vitro, with a collection of nearly 30,000 medicinal plant germplasm resources in vitro, involving 3,599 species, and a national germplasm bank for medicinal plants, making it the professional bank with the largest collection and preservation of medicinal plant germplasm resources in the world. In addition, a technical system for germplasm ex situ protection of medicinal plants has been established, achieving ex situ protection of 5,282 medicinal plants, of which 243 are rare and endangered species.

4.Sustainable development strategy of biological genetic resources in China

（1）Enhancement of trait identification, evaluation and gene mining of agricultural genetic resources

Agricultural research institutions in China have carried out accurate identification and evaluation of a variety of crop germplasm resources, and achieved remarkable results in the discovery of new genes. On the basis of the identification of basic agronomic traits of all germplasm resources preserved in seed banks, nurseries and test-tube seedling banks, more than 30% of the stock resources were evaluated for pest and disease resistance, stress resistance and quality characteristics. Aimed at more than 10,000 copies filtered out from rice, wheat, corn, soybean, cotton, rapeseed and vegetable germplasm resources, their important agronomic traits of phenotypic are identified and assessed in many places for many years, unearthed a number of plant breedings in urgent need of excellent germplasm resources.

In recent years, Chinese scientists have taken the lead in completing draft and detailed maps of the whole genome of rice, wheat, cotton, rape, cucumber and other crops, bringing opportunities for genome-wide genotype identification. More than 5,000 crop germplasm resources including rice, wheat, maize, soybean, cotton, millet, cucumber and watermelon were identified with high-throughput genotypes by sequencing, resequencing and SNP. In addition, the origin, domestication and dispersal of rice, cotton, brassica, citrus, apple and loquat were analyzed at the genome-wide level, and some new results were obtained.

In forestry, genetic diversity of more than 200 tree species, such as Cunninghaeria lanceolata, Pinus tabulaeformis, Pinus massoniana, Populus tomentosa and Ginkgo biloba, has been evaluated. The national genetic resources inventory of Camellia oleographa（oil-tea camellia） and walnut was launched.

(2) Use agricultural genetic resources to promote rural revitalization and poverty alleviation

The rural revitalization strategy includes industrial revitalization, cultural revitalization and ecological revitalization. However, these three kinds of revitalization are closely related to the protection and sustainable utilization of agricultural genetic resources. Agricultural genetic resources are the strategic resources for the development of rural industries. Genetic diversity is the basis for breeding high-yield and high-quality crops and livestock and poultry varieties. By popularizing and utilizing the excellent varieties of crops, livestock, poultry and fish, we can promote the overall improvement of the supply and security level of important agricultural products such as grain, as well as the overall improvement of other aspects.

Local varieties not only provide abundant genetic resources for modern crop breeding, but also provide a solid foundation for increasing local grain yield and combating poverty. China has changed and updated the varieties of rice, cotton and oilseed crops four to six times since 1978, each time increasing yields by more than 10 percent and reducing poverty levels by 6 to 8 percent.

The geographical indications of high-quality agricultural products can help poor areas to create industrial clusters with advantages and characteristics, form relevant industrial scale advantages, and boost social and economic development in poor areas. By the end of June 2020, China had approved 2,385 geographically indicated products, registered 5,682 geographical indication trademarks, and 3,090 geographical indications for agricultural products.

（3）Promoting protection and equitable benefit sharing of genetic resources

We should improve the genetic resource conservation system and continue to enhance the protection capacity. The list of agricultural genetic resources under national protection should be adjusted and optimized according to the national resource situation and actual needs. Provinces should also formulate and revise provincial-level lists of agricultural genetic resources protection, implement hierarchical protection, and assume their own responsibilities to achieve effective protection. It is necessary to further improve the protection system of agricultural genetic resources, which combines the protection of origin habitats （in situ） with gene bank （ex situ）, and complements the preservation of living species and the preservation of genetic materials. We will appropriately pool resources for conservation and make overall plans for the construction of national core gene banks and regional gene banks, and improve conservation efficiency.

China's Biodiversity Conservation Strategy and Action Plan （2011-2020）, which was reviewed and approved by the State Council on September 15,2010, proposes "exploring the establishment of a system for the access and benefit sharing of biological genetic resources and related traditional knowledge" in its Strategic Task 6 Priority Action 21 proposes: ①Develop policies and systems for access to and benefit sharing of genetic resources and related traditional knowledge; ②To improve the disclosure system of the source of biological genetic resources in patent application, and to establish the procedures of "prior informed consent" （PIC） and "mutually agreed terms" （MIT） for accessing to biological genetic resources and related traditional knowledge; ③To establish the governance mechanism, management organization and technical support system for the access and benefit sharing of genetic resources, and to establish the relevant information clearing-house mechanism.